Rüdiger Vaas

EINFACH EINSTEIN!

GENIALE GEDANKEN SCHWERELOS VERSTÄNDLICH

Illustriert von Gunther Schulz

KOSMOS

Inhalt

- 4 › **GENIALER GEDANKENSCHMIED**
- 10 › **RAUM, ZEIT UND E = mc²**
- 34 › **GRAVITATION UND GEOMETRIE**
- 62 › **EXPERIMENTE FÜR EINSTEIN**
- 88 › **MODELLE DES UNIVERSUMS**
- 108 › **KURIOSE QUANTENWELT**

- 126 › Mehr über Einsteins Universum
- 128 › Bildnachweis · Impressum

GENIALER GEDANKEN-SCHMIED

„Wichtig ist, dass man nicht aufhört zu fragen. Neugier hat ihren eigenen Seinsgrund. Man kann nicht anders, als die Geheimnisse von Ewigkeit, Leben oder die wunderbare Struktur der Wirklichkeit ehrfurchtsvoll zu bestaunen. Es genügt, wenn man versucht, an jedem Tag lediglich ein wenig von diesem Geheimnis zu erfassen. Diese heilige Neugier soll man nie verlieren."

Schwerer Start

Es war nicht einfach, denn Albert Einsteins Aussichten im Frühjahr 1902 erschienen wenig erquicklich: arbeitslos, mittellos und sein Kind los. Dazu noch akademisch gescheitert.

Seine Hoffnung auf eine Assistentenstelle am Züricher Polytechnikum, wo er Physik und Mathematik studiert hatte, erfüllte sich nicht. Auch Anfragen in Deutschland, Holland und Italien blieben erfolglos. Und seine Doktorarbeit wurde abgelehnt. Damit erschien eine akademische Zukunft aussichtslos. Eine Anstellung im Lehramt glückte ebenfalls nicht. So musste er sehen, als Haus- und Nachhilfelehrer wenigstens etwas Geld zu verdienen. Auch sein Vater konnte ihn nach mehreren Firmenpleiten kaum mehr unterstützen und starb wenig später. Schon als Student hatte Einstein seiner Schwester gegenüber bedauert, er sei „nichts als eine Last für meine Angehörigen. Es wäre wahrlich besser, wenn ich gar nicht lebte."

Hinzu kam eine menschliche Tragödie. Einsteins Kommilitonin und Geliebte Mileva Marić rasselte zum zweiten Mal durchs Examen und war schwanger. Seine prekäre berufliche und finanzielle Unsicherheit sowie der vehemente Widerstand seiner Eltern machten eine Heirat zunächst unmöglich. Mileva Marić gebar im Haus ihrer Eltern bei Novi Sad eine Tochter, die Einstein niemals gesehen hat. Das Kind blieb in Ungarn, und es ist wohl früh gestorben oder zur Adoption freigegeben worden.

Revolution im Patentamt

Doch dann wendete sich das Schicksal. Einstein erhielt im Juni 1902 am Patentamt in Bern eine Stelle als „ehrwürdiger eidgenössischer Tintenscheißer" (wie er selbst sagte). Er konnte eine bessere Wohnung mieten, Mileva heiraten – und sich wieder der Physik widmen. Sehr förderlich war dabei der Gedankenaustausch mit seinen Freunden Maurice Solovine, Conrad Habicht und Michele Besso.

Auch ohne akademische Meriten veröffentlichte er bis 1904 bereits fünf Fachbeiträge in den angesehenen *Annalen der Physik*. 1905 – von Wissenschaftshistorikern sein „Wunderjahr" genannt – schrieb der damals 26-Jährige dann innerhalb von sechs Monaten fünf weitere Artikel. Sie sind im Rückblick fulminante Paukenschläge, die gleich drei Bereiche der Physik für immer verändert oder sogar mitbegründet haben.

Einstein wies nach, dass die Materie aus winzigen Bestandteilen (Atome und Moleküle) aufgebaut ist, was damals heftig umstritten war. Er erkannte, dass Strahlung und Energie nicht kontinuierlich, sondern in Portionen aufgeteilt vorkommen – das Einzige, was er selbst als „radikal" empfand. Und er schuf mit der Speziellen Relativitätstheorie einen neuen Rahmen aller physikalischen Theorien, revolutionierte damit die alltäglichen und physikalischen Auffassungen von Raum und Zeit und entdeckte, dass Masse und Energie nicht grundverschieden, sondern wesensverwandt und gewissermaßen zwei Seiten derselben Medaille sind. Niemand sonst hatte jemals die Physik so schnell und umfassend erweitert sowie auf eine neue – und bis heute äußerst tragfähige – Grundlage gestellt.

Dieses Buch

… berichtet über Einsteins Abenteuer der Erkenntnisse. Das soll möglichst voraussetzungslos und etwas augenzwinkernd geschehen. (Wer sich für mehr Details interessiert, für die aktuellen Forschungsfronten der Grundlagenphysik und Kosmologie sowie für Einsteins bis heute nicht eingelöstes Vermächtnis einer „Weltformel", kann beispielsweise in den anderen Büchern des Autors fündig werden.) Dabei bleiben auch die geschichtlichen Zusammenhänge und Einsteins Persönlichkeit im Blick.

Einstein war ein Sprachkünstler, davon zeugen seine geistvollen Bonmots. Es gibt sogar Bücher voller Einstein-Zitate. Doch das ist nicht alles. Auch nicht die Hauptsache. Vielmehr hat Einstein die menschliche Sprache präzisiert und erweitert – nämlich die Sprache zur Beschreibung des Universums. Und die mit mathematischer Schärfe formulierte Sprache der Physik ist ein mächtiges Werkzeug, um durch Beobachtungen und Experimente entdeckte Eigenschaften und Regelmäßigkeiten der Naturvorgänge verallgemeinert, verdichtet und so exakt wie möglich zu erfassen, am besten quantitativ. Es ist keine einfache Sprache; man muss sie erlernen wie jede Sprache. Und sie ist auch nicht in Stein gemeißelt, sondern ändert sich und

wird neuen Anforderungen angepasst. Dazu gehören Übersetzungsleistungen. Tatsächlich machen diese viele von Einsteins wichtigsten Erkenntnissen erst verständlich. Sie haben das Gebäude der Physik erschüttert und die Vorstellung von Raum, Zeit, Materie, Energie und Schwerkraft für immer verändert.

Die Spezielle Relativitätstheorie kann als Übersetzung und Vereinigung zweier bis dahin unversöhnlichen Sprachen der Physik verstanden werden; damit verbunden sind neue Bedeutungen der scheinbar so vertrauten, in Wirklichkeit aber äußerst seltsamen Begriffe von Raum und Zeit, Simultanität und Gegenwart, Energie und Masse (ab Seite 10). Mit der Allgemeinen Relativitätstheorie, die zu den bedeutendsten Leistungen des menschlichen Geistes überhaupt zählt, hat Einstein dann die Sprache der klassischen Physik völlig umgewälzt, aber zugleich auch präzisiert und vollendet (ab Seite 34).

Seitdem ist die Weltbühne nicht mehr getrennt von den Schauspielen in ihr zu verstehen. Und erstmals kann das Universum als Ganzes beschrieben werden – eine ungeheure Horizonterweiterung (ab Seite 88). Das alles sind aber nicht nur Worte und Formeln, sondern hat sich auf dem Prüfstand im Kreuzfeuer der Kritik und dem Härtetest der Experimente glänzend bewährt. Tatsächlich ist die Relativitätstheorie inzwischen die genaueste und insofern beste Theorie in der Geschichte der Menschheit (ab Seite 62) – und sogar im Alltag angekommen. Umso mehr verwundert es, dass ihre Sprache nicht kompatibel ist mit einer anderen, die Einstein ebenfalls geprägt hat, und mit der das Reich des Allerkleinsten erschlossen wird: die kuriose Quantenwelt (ab Seite 108). Einstein hat bis zu seinem Lebensende daran geforscht, eine Art Universalvokabular zu entwickeln – doch sein Vermächtnis konnte bis heute noch niemand erfüllen.

Ein großes, ewiges Rätsel

Bei allem Bescheidwissen ist Einstein immer bescheiden geblieben und war sich den Grenzen seiner Erkenntnisse deutlich bewusst. „Es ist mir genug, diese Geheimnisse staunend zu ahnen und zu versuchen, von der erhabenen Struktur des Seienden in Demut ein mattes Abbild geistig zu erfassen", meinte Einstein. Und musste sich eingestehen, bei allem Vertrauen in eine rationale Grundstruktur des Kosmos: „Das Unverständlichste am Universum ist im Grunde, dass wir es verstehen." In einem Brief von 1951 meinte er sogar:

„Eines habe ich in meinem langen Leben gelernt, nämlich, dass unsere ganze Wissenschaft, an den Dingen gemessen, von kindlicher Primitivität ist – und doch ist es das Köstlichste, was wir haben."

Einstein war nicht nur ein genialer Gedankenschmied, sondern auch hartnäckig bis störrisch und ein Individualist (er bezeichnete sich oft als „Einspänner"), der das zurückgezogene Denken liebte. Er hasste Wichtigmacherei und Mittelpunktswahn – und den Rummel um ihn selbst, als er schließlich weltberühmt wurde. „Alles, was irgendwie mit Personenkult zu tun hat, ist mir immer peinlich gewesen", meinte er in einem Brief noch in seinem letzten Lebensjahr. Schon in früher Jugend hatte er versucht, sich „aus den Fesseln des ‚Nur-Persönlichen' zu befreien, aus einem Dasein, das durch Wünsche, Hoffnungen und primitive Gefühle beherrscht ist", erinnerte er sich 1946 in seinen autobiographischen Aufzeichnungen:

„Da gab es draußen diese große Welt, die unabhängig von uns Menschen da ist und vor uns steht wie ein großes, ewiges Rätsel, wenigstens teilweise zugänglich unserem Schauen und Denken. Ihre Betrachtung winkte als eine Befreiung."

Dass nicht jeder für die Alltagspraxis, (a)soziale Klüngelei und Geselligkeit gleichermaßen geeignet ist, hat Einstein ganz deutlich empfunden. Andererseits hatte er sich ein Leben lang öffentlich engagiert, auch politisch. Dabei zeigt sich, dass die individuelle Flucht ins Objektive sehr konkret die Welt bereichern und verbessern kann. Einstein drückte es 1920 so aus:

„Der wichtigste Beitrag der Intellektuellen zur Versöhnung der Völker und zur dauernden Verbrüderung der Menschheit liegt, meiner Meinung, in ihren wissenschaftlichen und künstlerischen Schöpfungen, weil diese den Menschengeist über die persönlichen und national-egoistischen Ziele erheben."

Hätte Einstein einen Zwillingsbruder, der nach einer fast lichtschnellen Spritztour durchs All zurückkehrt, wäre für diesen viel weniger Zeit vergangen als für den auf der Erde gebliebenen Einstein.

Spezielle Relativitätstheorie

RAUM, ZEIT UND E = mc²

„Wenn man mit dem Mädchen, das man liebt, zwei Stunden zusammensitzt, denkt man, es ist nur eine Minute; wenn man aber nur eine Minute auf einem heißen Ofen sitzt, denkt man, es sind zwei Stunden – das ist die Relativität."

Jenseits der Alltagserscheinungen verbergen sich bizarre Naturgesetze und verblüffende Zusammenhänge. Winzige Massen entfesseln ungeheure Energien, Zentimeter schrumpfen nahe der Lichtgeschwindigkeit und Sekunden dehnen sich endlos. Das sind Voraussagen der Speziellen Relativitätstheorie. Mit ihr hat Albert Einstein die physikalische Beschreibung der Welt revolutioniert. Er überwand die hartnäckigen Widersprüche zwischen den Theorien der Klassischen Mechanik und des Elektromagnetismus, stellte die Beziehungen zwischen Raum, Zeit, Strahlung und Materie auf eine neue Grundlage und erschütterte die Vorstellung von einer universellen Gleichzeitigkeit. Außerdem erkannte Einstein mit seiner berühmten Formel $E = mc^2$, dass Energie und Masse eine Einheit bilden – die Voraussetzung für das Verständnis der Kernspaltung und -fusion sowie der Antimaterie. Auch wurde eine fundamentale Grenze deutlich: Normale Materie lässt sich nicht auf Licht- oder gar Überlichtgeschwindigkeit beschleunigen, weil dazu unendlich viel Energie nötig wäre.

Das Ende des Äthers ...

Die Spezielle Relativitätstheorie, die Einstein am 30. Juni 1905 zur Veröffentlichung einreichte, war die Antwort auf zwei große Probleme der damaligen Physik. An ihnen arbeiteten bereits andere Wissenschaftler und kamen der Lösung zum Teil recht nah. Doch keinem gelang der radikale Perspektivenwechsel, mit dem Einstein den vertrackten Knoten durchschnitt, weil ein geduldiges Aufdröseln auf herkömmlichem Weg nicht möglich war. Übrigens war Einstein mit dem Begriff „Relativitätstheorie" nicht besonders zufrieden. „Ich gebe zu, dass dieser nicht glücklich ist und zu philosophischen Missverständnissen Anlass gegeben hat", schrieb er 1921 in einem Brief. Denn die Theorie erwies keineswegs alles als „relativ"; sie zeigt auch, was in allen Bezugssystemen gilt, also nicht von den subjektiven Perspektiven oder Koordinaten abhängt.

Wenn es einen ruhenden Äther gäbe, an den das Licht und andere elektromagnetische Wellen gebunden wären, dann müsste er sich als Ätherwind in Präzisionsexperimenten bemerkbar machen.

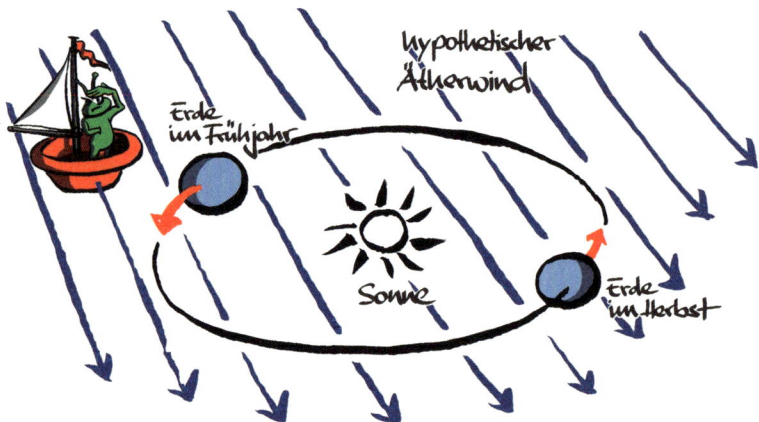

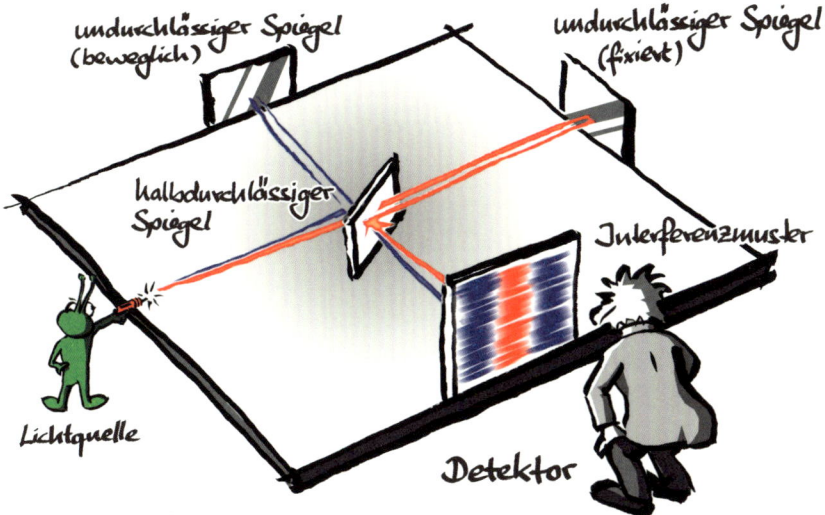

Falls sich die Erde relativ zu einem absolut ruhenden Lichtäther bewegt, besitzen zwei Lichtstrahlen, die senkrecht zueinander laufen, eine unterschiedliche Geschwindigkeit. Das hat ein Experiment mit dem Michelson-Morley-Interferometer überprüft. Dabei wurde ein Lichtstrahl mittels eines halbdurchlässigen Spiegels „gespalten" und auf zwei verschiedene Wege gelenkt, dann jeweils an einem anderen Spiegel reflektiert und schließlich wieder im Detektor zusammengeführt. Durch eine Drehung der Apparatur lässt sich diese in verschiedenen Winkeln zum hypothetischen Ätherwind ausrichten. Der Lichtstrahl in Bewegungsrichtung der Erde sollte aus der Sicht eines ruhenden Beobachters etwas langsamer sein als der senkrecht dazu. Die Folge wäre, dass die gleichzeitig ausgesandten Wellenberge und -täler der vertikalen und horizontalen Lichtstrahlen nicht simultan auf dem Detektorschirm eintreffen, wenn der Äther existiert. Diese Interferenz würde zu einem charakteristischen Streifenmuster führen – doch davon und also vom Äther zeigte sich keine Spur.

Das eine Problem war ein direkter Widerspruch zwischen Theorie und Erfahrung (oder Realität). Das andere Problem bestand in einem Widerspruch zwischen zwei in der experimentellen Erfahrung gut bewährten Theorien. Solche fatalen Schwierigkeiten sind Gift für eine einheitliche, überzeugende Weltbeschreibung – und zugleich der stärkste Antrieb für die Suche nach einer besseren.

Das erste Problem betraf die Existenz eines den ganzen Weltraum ausfüllenden Mediums: den Äther. In ihm sollte sich die elektromagnetische Strahlung – beispielsweise Licht und Radiowellen – ähnlich ausbreiten wie der Schall in der Luft. Das legte die damals schon gut etablierte Theorie des Elektromagnetismus nahe.

Wenn die Äther-Annahme stimmt, müsste sich die Geschwindigkeit von Lichtstrahlen auf der Erde unterscheiden – je nachdem, in welcher Richtung sie den Äther durcheilen. Denn die Erde müsste bei ihrem rund 30 Kilometer pro Sekunde schnellen Umlauf um die Sonne ja durch den Äther sausen, und das Licht würde sich mal mit der Bewegungsrichtung der Erde ausbreiten, mal senkrecht dazu und dann wieder entgegengesetzt. Doch raffinierte Experimente seit 1881, vor allem von den Amerikanern Albert Abraham Michelson und Edward William Morley, konnten diesen Effekt nicht nachweisen. Und laut Spezieller Relativitätstheorie darf das ätherische Medium auch nicht existieren; „die Einführung eines Lichtäthers wird sich insofern als überflüssig erweisen", formulierte es Einstein in seiner bahnbrechenden Arbeit; sie war also auch eine Art physikalische Todesanzeige für den Äther.

… und ein elektrisierender Widerspruch

Das andere Problem war theoretischer Natur. Es klingt wie die abstrakte Sorge eines Bilanzbuchhalters, hat seine Wurzeln aber durchaus in der Alltagserfahrung. Manchmal weiß man nämlich nicht, ob man in Ruhe oder in Bewegung ist. Das ist kein Grund, sich über seine psychische Gesundheit Sorgen zu machen. Wer häufig mit der Bahn unterwegs ist, kennt das Phänomen: Blickt man versonnen aus dem Fenster – oder auf eine spiegelnde Fensterscheibe – dann sieht man zuweilen den Zug auf dem Nachbargleis im Bahnhof abfahren ... und fährt doch selbst los. Oder umgekehrt. Diese Täuschung lässt sich zwar ausschließen, wenn man Beschleunigungskräfte spürt, doch manchmal ist man einfach zu schläfrig oder in ein gutes Buch vertieft, sodass die Bewegung nur im Augenwinkel wahrgenommen wird.

Einstein hat die Relativität von Bewegungen gern anhand von Beispielen mit Zügen erläutert. So schrieb er:

„Wenn sich jemand in einem gleichmäßig in gerader Linie fahrenden Eisenbahnwagen befindet, dessen Fenster verhängt sind, so ist es ihm unmöglich, darüber zu entscheiden, in welcher Richtung und mit welcher Geschwindigkeit der Wagen fährt; wenn von dem unvermeidlichen Rütteln des Wagens abstrahiert wird, so ist es nicht einmal möglich zu entscheiden, ob der Wagen fährt oder nicht. Abstrakt ausgedrückt: Mit Bezug auf ein gegen das ursprüngliche Bezugssystem (Erdboden) gleichförmig bewegtes System (Wagen) sind die Gesetze des Geschehens die nämlichen wie mit Bezug auf das ursprüngliche System (Erdboden); wir nennen diese Aussage das Relativitätsprinzip der gleichförmigen Bewegung."

Dieses Prinzip kam schon in der Klassischen Mechanik von Galileo Galilei und Isaac Newton zur Anwendung. Relativ zueinander gleichförmig bewegte Beobachter können ihren absoluten Bewegungszustand nicht bestimmen; beide Perspektiven sind gleichberechtigt, es gibt kein privilegiertes Bezugssystem. Daher lassen sich Ereignisse, die in einem System beschrieben werden, in ein anderes System übertragen. Dabei muss lediglich von einem Koordinatensystem in ein anderes „übersetzt" werden. Und dafür gibt es eine Umrechnungsregel: die auf Galilei zurückgehende Galilei-Transformation. Sie gilt für alle Inertialsysteme der Klassischen Mechanik – das sind Bezugssysteme, die ruhen oder sich gleichförmig bewegen.

Züge, die auf dem Abstellgleis stehen oder mit konstanter Geschwindigkeit aneinander vorbeifahren, sind Beispiele für solche Inertialsysteme. Macht man in ihnen physikalische Experimente, kommt man zu denselben Ergebnissen und kann daraus dieselben Naturgesetze ableiten.

Konsistente Koordinatentransformationen – also die Existenz eindeutiger Umrechnungsregeln – sind von großer Bedeutung. Denn Naturgesetze hängen nicht von den zufälligen Befindlichkeiten der Wissenschaftler ab. Daher forderte Newton eine absolute Zeit und einen absoluten Raum als Grundlage der Physik: Uhren und Längenmaßstäbe müssten somit überall im Universum und aus den Perspektiven aller Beobachter unabhängig von deren Geschwindigkeit dieselben Verhältnisse anzeigen. Ob sich also beispielsweise jemand beim 100-Meter-Lauf fast die Lunge aus dem Leib rennt oder aber bewegungslos am Badestrand liegt, sollte keinen Einfluss auf die physikalischen Gleichungen haben.

Zeit vergeht Newton zufolge für sich selbst, absolut und ohne Beziehung zu etwas Äußerem; Zeit und Raum bilden eine Art starre Weltbühne mit einem genau festgelegten Schauspiel; Zeitspannen und Momente der Gleichzeitigkeit sind demnach unabhängig von Bezugssystemen und Perspektiven. Und genau diese Annahmen hat die Spezielle Relativitätstheorie widerlegt.

Das zweite und für Einstein entscheidende Problem war nämlich eine Unvereinbarkeit der Klassischen Mechanik mit der Theorie des Elektromagnetismus. Das Zentrum dieser Theorie sind die Maxwell-Gleichungen der Elektrodynamik. James Clerk Maxwell hatte sie in London bis 1864 nach Vorarbeiten anderer ausformuliert – „das Tiefste und Fruchtbarste, das die Physik seit Newton entdeckt hat", wie es Einstein 1931 anlässlich der 100. Jährung von Maxwells Geburtstag ausdrückte.

Doch die Beschreibung physikalischer Vorgänge aus unterschiedlichen Perspektiven von Beobachtern, die sich relativ zueinander konstant bewegen, ist in der Klassischen Mechanik und im Elektromagnetismus nicht deckungsgleich! Für die Maxwell-Gleichungen gilt eine andere Umrechnungsvorschrift als für die Mechanik: die Lorentz-Transformation, benannt nach Hendrik Antoon Lorentz.

Dass zwei verschiedene Umrechnungsregeln für Koordinatensysteme verwendet werden müssen, ist eine geradezu schizophrene Situation. Das würde die Beschreibung von Ereignissen spalten, obwohl die Welt doch als eine Einheit erscheint, zumal elektromagnetische Phänomene auch auf mechanische wirken können und umgekehrt. Diesen fundamentalen Widerspruch zwischen zwei experimentell gut bestätigten physikalischen Theorien fand Einstein „unerträglich". Das war der Ausgangspunkt seiner revolutionären Überlegungen. Er wollte nicht akzeptieren, dass für die Natur zwei verschiedene Regeln nötig seien: die Galilei- und die Lorentz-Transformation von Koordinatensystemen.

Obwohl dieses abstrakte Problem etwas lebensfremd und langweilig anmutet, hat es Einstein und einige seiner Zeitgenossen förmlich elektrisiert. Und es war ja auch die Elektrodynamik, die ihnen Kopfzerbrechen machte (ebenso beim Äther-Problem). Nicht zufällig trägt Einsteins epochaler Artikel zur Relativitätstheorie den Titel *Zur Elektrodynamik bewegter Körper*. Was nach einem harmlos-abseitigen Fachaufsatz klingt, war nichts weniger als eine Revolution der Physik. Sie führte zu einem völlig neuen Verständnis von Raum und Zeit, in der Folge dann auch von Materie und Energie. Und das, obwohl Einstein überzeugt war:

„Alle Wissenschaft ist nur eine Verfeinerung des Denkens des Alltags."

Die Spezielle Relativitätstheorie – Raum und Zeit sind relativ

Kurz gesagt bestand Einsteins Lösung darin, dass er die Umrechnungsregel der Mechanik als falsch verwarf, weil er die der Elektrodynamik allein als gültig erkannt hatte. Dabei stellte er fest, dass die Widersprüche verschwinden, wenn man die Annahme einer absoluten Zeit und eines absoluten Raums aufgibt.

Das war nicht bloß eine mathematische Gedankenübung, sondern als physikalische Theorie hatte die Spezielle Relativitätstheorie überprüfbare Konsequenzen. Sie machte Voraussagen, die teilweise den Vorgängertheorien widersprachen und sich experimentell bestätigen ließen. Darin bestehen das Erfolgsgeheimnis und die Überzeugungskraft guter naturwissenschaftlicher Theorien.

Einstein formulierte zwei Voraussetzungen, die sich bis heute glänzend bewährt haben. Sie bilden den Kern der Speziellen Relativitätstheorie:

Das Relativitätsprinzip: Die physikalischen Gesetze haben in allen ruhenden oder gleichförmig bewegten (also unbeschleunigten) Bezugssystemen dieselbe Form.

Die Konstanz der Lichtgeschwindigkeit: Licht ist in allen Bezugssystemen gleich schnell (gemessen im Vakuum).

Damit zeigte Einstein, dass sich der physikalische Rahmen der Klassischen Mechanik, der auf der Vorstellung eines absoluten Raums und einer absoluten Zeit beruht und mathematisch auf der Galilei-Transformation basiert, nicht halten lässt. Er versagt bei hohen Geschwindigkeiten. Die Galilei-Transformation muss dann durch eine andere Rechenvorschrift ersetzt werden: die Lorentz-Transformation der Maxwell-Gleichungen, die als einzige Umrechnungsregel für alle Koordinatensysteme ausreicht.

Die Spezielle Relativitätstheorie stiftete eine große Einheitlichkeit und erledigte alle Probleme mit der Mechanik und Elektrodynamik auf einen Schlag. Damit war auch die Annahme unnötig, dass das „ruhende" Bezugssystem irgendwie grundlegend oder etwas Besonderes sei.

Für viele Alltagssituationen liegt der Korrekturfaktor der Lorentz-Transformation unterhalb der Messbarkeitsgrenze. Selbst für die Himmelsmechanik ist er für viele Zwecke irrelevant. Bei der Geschwindigkeit der Erde um die Sonne, etwa 30 Kilometer pro Sekunde, betragen die Abweichungen zum Beispiel nur 100 Millionstel Prozent. Die Galilei-Transformation ist daher eine gute Näherungsformel, aber strenggenommen eben falsch. Einstein zeigte also, dass die Lorentz-Transformation nicht nur für Phänomene des Elektromagnetismus die richtige Umrechnungsregel ist, sondern auch für die der Klassischen Mechanik.

Der Preis für diesen theoretischen Durchbruch ist ein neuer Begriff der Gleichzeitigkeit: Es gibt keine absolute Zeit, vielmehr hängt sie vom jeweiligen Bezugssystem ab! Was für einen Beobachter gleichzeitig erscheint, ist für einen anderen Beobachter nicht simultan, wenn er sich mit derselben Geschwindigkeit an einem anderen Ort befindet oder sich am selben Ort mit einer schnelleren oder langsameren Geschwindigkeit bewegt.

Räumliche und zeitliche Abstände sind somit nicht universell, sondern relativ: Die Zeit kann sich quasi dehnen und der Raum sich verkürzen. Das widerspricht der Alltagserfahrung radikal. Es gehorcht aber einer zwingenden Logik und wurde später durch zahlreiche Experimente glänzend bestätigt.

Doch nicht alles ist relativ. Die Lichtgeschwindigkeit, die Einstein im Gegensatz zu allen relativen Orten, Bewegungen und Geschwindigkeiten als konstant erkannt hat, ist unabhängig vom Bezugssystem. Sie ist eine universelle Naturkonstante, die überall und in allen Bezugssystemen denselben Wert besitzt: 299.792,458 Kilometer pro Sekunde im Vakuum. Die Lichtgeschwindigkeit gilt absolut. Sie ist das fundamentale Bindeglied von Raum, Zeit, Materie und Energie; sie gibt der Weltordnung eine eindeutige Struktur mit einem objektiven Gefüge von Ursache und Wirkung. Insofern hätte die Relativitätstheorie auch „Absoluttheorie" heißen können.

Zeitdehnung, Längenverkürzung und das Zwillingsparadoxon

Zu den verwirrendsten Folgerungen aus der Speziellen Relativitätstheorie gehört die Zeitdehnung oder Zeitdilatation: Für schnell bewegte Uhren – und überhaupt alle Prozesse – vergeht die Zeit langsamer als für langsame beziehungsweise bewegungslose Uhren.

„Eine mit der Geschwindigkeit v wandernde Uhr geht – von einem nicht mitbewegten System aus beurteilt – langsamer, als dieselbe Uhr, falls sie nicht wandert."

Die enorme Zeitdilatation bei fast lichtschnellen Bewegungen hat für hitzige Diskussionen gesorgt. Oft wird das Phänomen mit dem sogenannten Zwillingsparadoxon veranschaulicht (nach einem Gedankenexperiment von Paul Langevin 1911): Danach würde ein mit hoher Geschwindigkeit durchs All rasender Astronaut, wenn er schließlich zur Erde zurückkehrt, viel weniger gealtert sein als sein zu Hause gebliebener Zwillingsbruder.

Gedehnte Zeit: die Zeitdilatation für verschiedene Relativgeschwindigkeiten. Die Zeit eines bewegten Systems vergeht aus der Sicht eines ruhenden Beobachters umso langsamer, je schneller das System ist. Die jeweilige Eigenzeit ist aber immer gleich.

Geschwindigkeit in Kilometer pro Sekunde (und in Prozent der Lichtgeschwindigkeit)	Dauer eines Jahres
0,03 – entspricht einem Auto	1 Jahr
0,5 – entspricht einem Flugzeug	1 Jahr + 0,000.03 Sekunden
40 – entspricht einer Raumsonde	1 Jahr + 0,3 Sekunden
30.000 (10%)	1 Jahr + 44 Stunden
150.000 (50%)	1 Jahr + 56,5 Tage
270.000 (90%)	2,3 Jahre
297.000 (99%)	7,1 Jahre
299.700 (99,9%)	22,2 Jahre

Angenommen, ein 27-Jähriger Astronaut fliegt mit 98 Prozent der Lichtgeschwindigkeit zum rund 25 Lichtjahre fernen Stern Wega und wieder retour. Dann sind bei der Rückkehr für ihn zehn Jahre vergangen, er ist somit 37 Jahre alt – während sein daheim gebliebener Zwillingsbruder bereits seinen 77. Geburtstag gefeiert hat, nun also 40 Jahre älter ist als der Raumfahrer. Die Zeit im Raumschiff verging bei 98 Prozent der Lichtgeschwindigkeit also beträchtlich langsamer als auf der Erde. (Das Beispiel ist vereinfacht, weil die zeitraubenden Beschleunigungs- und Bremsphasen unterschlagen wurden.) Dieser Altersunterschied ist irritierend, aber eine im Prinzip messbare Tatsache – und Atomuhren haben ihn seit den 1970er-Jahren auch nachgewiesen.

Die Zeitdilatation lässt sich im Prinzip sogar für eine Zeitreise in die ferne Zukunft nutzen: Ein Raumfahrer könnte bei entsprechend rasantem Tempo als junger Mann zur Erde zurückkehren, wo sein Zwillingsbruder bereits zum Greis geworden oder längst gestorben wäre. Ein Weg zurück in die eigene Jugend wäre freilich versperrt. Wer also einen Trip in die Zukunft plant, sollte vorher noch seine Steuererklärung abgeben, sonst erwartet ihn die fürchterliche Ungeduld des Finanzamts.

Komplementär zur Zeitdilatation – und ebenso eine Folge der konstanten Lichtgeschwindigkeit – ist die Längenkontraktion. Denn wie die Zeit ist auch die Entfernung relativ. In Bewegungsrichtung verkürzen sich alle Maßstäbe, und zwar um denselben Faktor, um den die Zeit sich dehnt.

Im Alltag ist die Längenkontraktion praktisch irrelevant. Sie staucht einen Meterstab bei 100 Kilometer pro Stunde nur um 0,000.000.000.004 Millimeter. Bei 90 Prozent der Lichtgeschwindigkeit verkürzt sie jedoch ein Objekt schon um 44 Prozent. Und wenn beispielsweise ein Astronaut mit 98 Prozent der Lichtgeschwindigkeit zur Wega fliegt, ist er fünf Jahre unterwegs und hat in seinem Bezugssystem eine Strecke von 5 mal 0,98 = 4,9 Lichtjahren zurückgelegt – während es aus der Perspektive der Erde 25 Lichtjahre sind.

Zeitdehnung und Längenkontraktion sind Eigenschaften der Raumzeit, nicht der Materie. Wer abnehmen will, kann daher nicht einfach fast lichtschnell durch die Welt rasen und darauf vertrauen, dass die Kontraktion seinen Bauch schon zum Verschwinden bringen wird. Einstein versuchte die vielen Missverständnisse, auch unter seinen Fachkollegen, 1911 mit diesen Worten auszuräumen:

„Die Frage, ob die Lorentz-Verkürzung wirklich besteht oder nicht, ist irreführend. Sie besteht nämlich nicht ‚wirklich‘, insofern sie für einen mitbewegten Beobachter nicht existiert; sie besteht aber ‚wirklich‘, das heißt in solcher Weise, dass sie prinzipiell durch physikalische Mittel nachgewiesen werden könnte, für einen nicht mitbewegten Beobachter."

Dasselbe Objekt erscheint für einen Beobachter in Ruhe länger als für einen, der mit sehr hoher Geschwindigkeit an diesem vorbeirast.

Das ist nicht alles: Von der Höhe und Richtung der Geschwindigkeit eines Beobachters hängt auch ab, welchen Weg ein Lichtstrahl oder ein anderes bewegtes Objekt seiner Ansicht nach nimmt. Dieser Effekt heißt relativistische Aberration. Daher erscheinen Linien gekrümmt und Gegenstände wölben sich zur Mitte des Gesichtskreises hin. Es werden sogar Dinge sichtbar, die sich seitlich oder bereits hinter der momentanen Position des Beobachters befinden.

Nicht einmal Einstein war diese Konsequenz der Speziellen Relativitätstheorie bewusst. Die ersten theoretischen Arbeiten zur „richtigen" Sichtbarkeit der Längenkontraktion stammen 1924 von Anton Lampa sowie 1959 von Roger Penrose und James Terrell. Aber anschaulich gemacht haben sie erst Computersimulationen, vor allem von einem Team um Hanns Ruder an der Universität Tübingen ab den 1990er-Jahren.

Die relativistische Aberration ermöglicht es, gewissermaßen um die Ecke zu sehen. Saust beispielsweise ein Würfel mit 95 Prozent der Lichtgeschwindigkeit an einem ruhenden Beobachter vorbei, erscheint er diesem so gedreht, dass er ihn teilweise von hinten erblickt (das Bild basiert auf Computersimulationen).

Auch Farbe und Helligkeit eines Objekts in schneller Bewegung erscheinen völlig anders als in Ruhe. Könnte man an der Sonne fast mit Lichtgeschwindigkeit vorbeirasen, wäre sie im Anflug gleißend bläulich, würde dann von weiß nach orange wechseln und schließlich im Rückspiegel schwach tiefrot glimmen. Denn herannahende Lichtwellen werden gleichsam gestaucht (und somit in den energiereicheren, bläulichen Bereich verschoben), fliehende gedehnt (und somit energieärmer und röter). Außerdem erhöht sich mit der Verkürzung der Wellenlängen die Intensität der Strahlung.

Wenn 1 + 1 nicht 2 ergibt

In der Relativitätstheorie ist 1 + 1 nicht unbedingt 2. Jedenfalls nicht, wenn es um Geschwindigkeiten geht, die schneller sind, als die Polizei erlaubt. Im Alltag errechnet sich die Relativgeschwindigkeit zweier Objekte aus der Addition ihrer Einzelgeschwindigkeiten. Nicht so bei Geschwindigkeiten nahe des Lichts. Sonst müsste ja beispielsweise der Laserstrahl, den ein fast lichtschnelles Raumschiff nach vorne abfeuert, beinahe die doppelte Lichtgeschwindigkeit haben. Dies ist nach der Speziellen Relativitätstheorie jedoch nicht der Fall. Vielmehr kommt eine neue Formel zur Anwendung: das relativistische Additionstheorem für Geschwindigkeiten. Die Straßenverkehrsordnung ist also nicht in Gefahr, und die Schmetterbälle beim Tischtennis kann man auch ohne das Studium der Speziellen Relativitätstheorie seinem Gegner wild um die Ohren hauen.

Ein Beispiel für das relativistische Additionstheorem: Angenommen, ein Zug fährt mit 200 Kilometer pro Stunde wieder einmal verspätet in Richtung „Stuttgart 21", und darin bewegt sich ein aufgeregter Fahrgast auf der Suche nach dem Schaffner mit fünf Kilometer pro Stunde relativ zum Zug in Fahrtrichtung. Dann wäre die von einem am Bahndamm stehenden Beobachter gemessene Geschwindigkeit des Fahrgasts nicht exakt 200 + 5 = 205 Kilometer pro Stunde, sondern um winzige 0,17 Nanometer pro Stunde langsamer. Das heißt, der Fahrgast würde nach der relativistischen Rechnung in einer Stunde knapp zwei Atomdurchmesser weniger weit kommen als nach der klassischen – ein klar vernachlässigbarer Unterschied, der auch nicht der Grund für seinen verpassten Anschluss sein wird. Drastisch anders wirkt sich das Additionstheorem bei hohen Geschwindigkeiten aus: Würde ein Projektil mit drei Viertel der Lichtgeschwindigkeit von einer ebenso schnellen Rakete abgeschossen, dann hätte es nicht das Eineinhalbfache der Lichtgeschwindigkeit, sondern „nur" 96 Prozent von ihr. (Für Genauerwisser: Es gilt nicht $v_{rel} = v_1 - v_2$, sondern $v_{rel} = (v_1 - v_2)/(1-(v_1 v_2/c^2))$, wobei v_{rel} die Relativgeschwindigkeit ist, v_1 und v_2 sind die einzelnen Geschwindigkeiten, c die des Lichts.)

E = mc² – eine verborgene Einheit der Natur

Einstein entdeckte bereits kurz nach der Fertigstellung seiner Speziellen Relativitätstheorie, dass diese nicht nur einen fundamentalen Zusammenhang von Raum und Zeit offenbare, sondern auch von Masse und Energie. Im September 1905 veröffentlichte er einen dreiseitigen Nachtrag, dessen Überschrift er vorsichtig als Frage formulierte: *Ist die Trägheit eines Körpers von seinem Energieinhalt abhängig?* Darin zeigte er, dass ein Objekt, das Energie abstrahlt, auch Masse verliert. Am Ende des Artikels schrieb er:

„Die Masse eines Körpers ist ein Maß für dessen Energieinhalt. Es ist nicht ausgeschlossen, dass bei Körpern, deren Energieinhalt in hohem Maße veränderlich ist, eine Prüfung der Theorie gelingen wird."

Diese Entdeckung war tiefgreifend. Sie widerlegte – oder relativierte – die geläufige Vorstellung von einer „Erhaltung der Masse". In einer Publikation 1907 schrieb Einstein zusammenfassend:

„Dies Resultat ist von außerordentlicher theoretischer Wichtigkeit, weil in demselben die träge Masse und die Energie eines physikalischen Systems als gleichartige Dinge auftreten."

Einstein hatte also nichts weniger als eine bis dahin verborgene Einheit in der Natur entdeckt. Und er quantifizierte sie in einer einfachen Gleichung: $E = mc^2$. Die Energie E und Ruhemasse m erscheinen quasi als zwei Seiten derselben Medaille, weil sie über das Quadrat der Lichtgeschwindigkeit c miteinander in Beziehung gesetzt werden. (Das c steht für „constant" oder auch für „celeritas", lateinisch „Geschwindigkeit".) Masse ist also einfach eine bestimmte Form von Energie, so die erstaunliche Konsequenz der Relativitätstheorie.

Gebundene und entfesselte Energien

Aufgrund des riesigen Umrechnungsfaktors c^2 gehen typische Energieumsätze des Alltags nur mit winzigen, praktisch nicht messbaren Veränderungen der Masse einher. Erwärmt man beispielsweise ein Kilogramm Gold um zehn Grad Celsius, dann vermehrt sich seine Masse nur um 14 Billionstel Gramm – kein praktikables Rezept für Goldbesitzer, um noch reicher zu werden …

Allerdings enthalten ruhende Körper eine gigantische Menge an Energie. Ein Gramm Masse entspricht 25 Millionen Kilowattstunden oder die chemisch freisetzbare Energie von 2,15 Millionen Liter Benzin. Die träge Masse eines ein Kilogramm schweren Backsteins

Die physikalische Energie einer Masse von einem Gramm entspricht 25 Millionen Kilowattstunden oder der chemisch freisetzbaren Energie von 2,15 Millionen Liter Benzin. Zur Lagerung einer solchen Menge Kraftstoff wären ungefähr 10.000 Ölfässer erforderlich.

könnte eine 100-Watt-Glühbirne theoretisch 30 Millionen Jahre lang mit Strom versorgen. Doch lässt sich diese Energie in der Praxis niemals extrahieren.

Einsteins Formel zeigt auch, dass die Bindungsenergie, die Protonen und Neutronen im Atomkern zusammenhält, zur übrigen Kernmasse beiträgt. Deshalb ist die Masse von Atomkernen um knapp ein Prozent kleiner als die Summe der Massen ihrer ungebundenen Kernbausteine. Darauf beruht die Energieerzeugung durch Kernfusion (bei Elementen leichter als Eisen) beziehungsweise Kernspaltung (bei schwereren Elementen). Durch Kernspaltung lassen sich etwa 0,1 Prozent der Masse in nutzbare Energie verwandeln, wie Kernkraftwerke täglich demonstrieren, bei der Kernfusion von Wasserstoff zu Helium sind es sogar etwa 0,8 Prozent der Masse. Das übertrifft die chemische Bindungsenergie zwischen den Elektronen und Atomkernen enorm. So besitzt ein Wasserstoff-Atom, bestehend aus einem Proton und einem Elektron, nur rund 1/70.000.000 weniger Masse als die Summe seiner Bestandteile.

Auch das Zerstrahlen von Materie und Antimaterie – und umgekehrt deren Entstehung aus Energie – wird von $E = mc^2$ beschrieben. Dies ist die effizienteste Energieerzeugung überhaupt: Die Umwandlung von 500 Kilogramm Materie und Antimaterie in Energie würde den jährlichen weltweiten Strombedarf decken.

Dass $E = mc^2$ eine sehr reale Bedeutung hat, wurde spätestens 1945 mit der Zündung der ersten Atombomben offenkundig, deren Entwicklung Einstein im Zweiten Weltkrieg erst mit forciert hatte (durch einen Brief an Präsident Franklin D. Roosevelt 1939), und die er später vehement verurteilte und bekämpfte. Obwohl man für den Bau der Bomben Einsteins Formel nicht direkt benötigte, bestätigten sie die Spezielle Relativitätstheorie auf verheerende Weise. Dabei wurden letztlich nur etwa ein Gramm Uran beziehungsweise Plutonium in Explosionsenergie umgewandelt.

Auch der umgekehrte Vorgang, die Verschmelzung leichter Atomkerne, ist eine enorme Energiequelle. Destruktiv wurde diese Energie mit einer Wasserstoff-Bombe erstmals 1952 entfesselt, konstruktiv ist es mit Kernfusionsreaktoren zur Stromerzeugung noch Zukunftsmusik. Die Natur ist da weiter: Die Sonne scheint aufgrund der Verschmelzung von Wasserstoff zu Helium seit 4,6 Milliarden Jahren. In ihrem 15,7 Millionen Grad heißen Zentrum werden in jeder Sekunde über 500 Millionen Tonnen Wasserstoff umgesetzt – und etwa vier Millionen Tonnen davon verwandeln sich in Energie. Das würde den gegenwärtigen Energiebedarf der Menschheit eine Million Jahre lang decken. Von dieser verschwenderischen Zerstrahlung kommen auf der Erde pro Sekunde und Quadratmeter durchschnittlich zwar nur 1367 Joule Energie an. Das genügt jedoch, um fast alle Lebensvorgänge anzutreiben. Insofern ist sogar die menschliche Existenz ohne die Relativitätstheorie letztlich nicht zu verstehen.

Lichtschnelle Flüge durchs All sind leider unmöglich

Die Spezielle Relativitätstheorie hat noch eine weitere Konsequenz: Je schneller sich ein Objekt bewegt, desto mehr Energie braucht seine Beschleunigung. Wenn Energie und träge Masse äquivalent sind, muss bei der Geschwindigkeitszunahme auch die Masse des Objekts zunehmen. Von der Ruhemasse eines Objekts in einem gegebenen Bezugssystem lässt sich daher eine „relativistische Masse" unterscheiden, die mit der Geschwindigkeit wächst. So ist ein Flugzeug, das mit knapp 1000 Kilometer pro Stunde fliegt, beispielsweise um 0,000.000.0001 Prozent schwerer als im Stand am Gate.

Die relativistische Massenzunahme ist ein Spielverderber für Science-Fiction-Fans, die gerne Raumschiffe im Stundentakt durch die

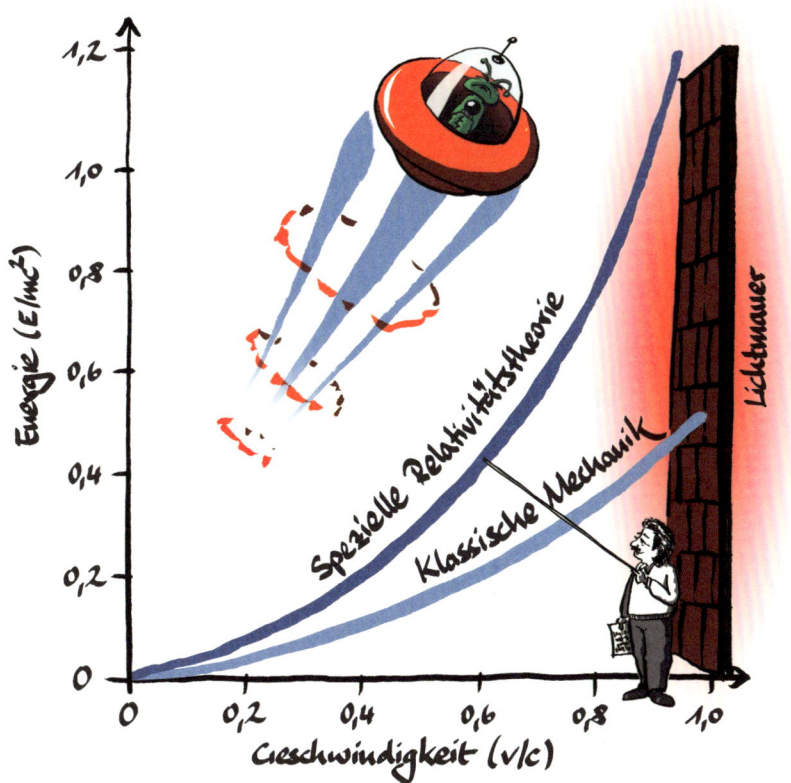

Die Bewegungsenergie E eines Körpers mit der Masse m hängt von seiner Geschwindigkeit v ab. Gemäß der Speziellen Relativitätstheorie werden E und m unendlich, wenn sich der Körper der Lichtgeschwindigkeit c annähert, sodass er die „Lichtmauer" niemals erreichen oder gar überwinden kann. Normale Materie lässt sich daher nicht auf Überlichtgeschwindigkeit beschleunigen. Im Alltagsleben, für das näherungsweise die Klassische Mechanik gilt, ist der „relativistische Massezuwachs" bewegter Objekte allerdings völlig vernachlässigbar.

Galaxis sausen lassen würden. Denn der Energieaufwand für eine Beschleunigung steigt nicht linear an, sondern exponentiell. Körper mit einer Ruhemasse können deshalb niemals auf Lichtgeschwindigkeit gebracht werden – dabei würden sie unendlich schwer werden, und dafür wäre unendlich viel Energie nötig.

Das erschwert auch fast lichtschnelle Flüge durch die Milchstraße enorm. Um beispielsweise über 99 Prozent der Lichtgeschwindigkeit zu erreichen, müsste man zusätzlich zu einer Nutzlastmasse von etwa 1,25 Tonnen noch über 243.000 Tonnen Treibstoff als Startmasse mitführen – und das gilt nur für eine hypothetische Photonenrakete, die allen Treibstoff in Licht umwandelt und somit die maximal mögliche Ausströmgeschwindigkeit für den Schub hat. Zum Vergleich: Die Saturn-V-Raketen, mit denen Menschen zum Mond starteten, hatten eine Masse von rund 2700 Tonnen.

Ein Astronaut, der zu Hause im Bett 80 Kilogramm wiegt, hätte eine Masse von mehr als einer halben Tonne, wenn er mit 99 Prozent der Lichtgeschwindigkeit durchs All raste. Trotzdem würde er sich nicht schwerer fühlen, denn es ist nicht seine schwere Masse, die zunimmt, sondern seine träge Masse, die sich der Beschleunigung entgegensetzt. (Warum man sich morgens im Bett ruhend, wenn der Wecker klingelt, trotzdem relativ schwer sowie träge vorkommt, kann die Relativitätstheorie allerdings nicht erklären.)

Einstein-Quiz

1. Was brauchte Einstein für die Spezielle Relativitätstheorie?
- [ ] a. Die Lorentz-Transformation
- [ ] b. Die Galilei-Transformation
- [ ] c. Die nichteuklidische Geometrie

2. Was besagt das Relativitätsprinzip?
- [ ] a. Alles ist relativ
- [ ] b. In Inertialsystemen sind die physikalischen Gesetze gleich
- [ ] c. Die Lichtgeschwindigkeit hängt vom Beobachter ab

3. Was geschieht bei zunehmender Geschwindigkeit?
- [ ] a. Die Masse nimmt ab (relativ zur Ruhemasse)
- [ ] b. Die Zeit vergeht langsamer (relativ zu einer Uhr in Ruhe)
- [ ] c. Der Raum dehnt sich (relativ zu einem Lineal in Ruhe)

4. Worin besteht die Längenkontraktion?
- [ ] a. Sie ist dasselbe wie die Lorentz-Transformation
- [ ] b. Bewegte Maßstäbe erscheinen verkürzt
- [ ] c. Bewegte Uhren ticken verkürzt

5. Was hat die Spezielle Relativitätstheorie widerlegt?
- [ ] a. Newtons Gravitationskonstante
- [ ] b. Newtons Identitätsthese schwerer und träger Masse
- [ ] c. Newtons Idee, dass Raum und Zeit absolut sind

Lösungen: 1a, 2b, 3b, 4b, 5c

Raum, Zeit und E=mc²

Die Raumzeit ist keine starre, passive Bühne, sondern ein aktiver Mitspieler, weil Schwerkraft und Geometrie zusammenhängen, Massen alles verändern und Lichtstrahlen auf schiefe Bahnen bringen.

GRAVITATION UND GEOMETRIE

„Im Lichte bereits erlangter Erkenntnis erscheint das glücklich Erreichte fast wie selbstverständlich, und jeder intelligente Student erfasst es ohne große Mühe. Aber das ahnungsvolle, Jahre währende Suchen im Dunkeln mit seiner gespannten Sehnsucht, seiner Abwechslung von Zuversicht und Ermattung und seinem endlichen Durchbrechen zur Wahrheit, das kennt nur, wer es selber erlebt hat."

Am 25. November 1915, einem Donnerstag inmitten des im Donnern der Kriegskanonen sich selbst zerfleischenden Europas, reichte Einstein einen dreieinhalbseitigen Artikel mit dem Titel *Die Feldgleichungen der Gravitation* zur Publikation in den *Sitzungsberichten der Preußischen Akademie der Wissenschaften zu Berlin* ein, wo er seit eineinhalb Jahren arbeitete. Dieser Tag markiert den fulminanten Abschluss achtjähriger Anstrengungen, die Einstein an die Grenzen seiner geistigen Kapazität und körperlichen Gesundheit getrieben hatten. Seine Gleichungen beschreiben das Gravitationsfeld in der vierdimensionalen gekrümmten Raumzeit und deren komplizierte Dynamik. Dieses neuartige mathematische Formelwerk bildet den Kern der Allgemeinen Relativitätstheorie, die nach langen und schweren Geburtswehen nun ans Licht der wissenschaftlichen Welt kam. Sie hat das Verständnis des Universums und die Fundamente der klassischen Physik für immer verändert.

Nah- und Fernwirkungen

Die Allgemeine Relativitätstheorie war die Krönung eines kniffligen Forschungsprozesses voller Irrungen und Wirrungen, tastender Versuche im Ungewissen, Umwegen, Blockaden und Rückschritten, diverse Rechenfehler eingeschlossen. Es kam zu Bündnissen, Gefechten und sogar zu einem Wettlauf, denn fast hätte der Göttinger Mathematiker David Hilbert Einstein den Triumph noch vor der Nase „weggeschnappt".

Die Entstehung der Allgemeinen Relativitätstheorie begann im November 1907. Damals arbeitete Einstein noch hauptberuflich im Patentamt in Bern. Er schrieb einen Übersichtsartikel zur Speziellen Relativitätstheorie. Sie berücksichtigt allerdings die Schwerkraft nicht. Diese stellte die Physiker schon lange vor ein großes Problem, das auch ein Ausgangspunkt für Einsteins Überlegungen war: Isaac Newtons Gravitationstheorie ist eine Fernwirkungstheorie. Die Kräfte wirken demnach sofort, ohne Zeitverzug. Würde ein Dämon die Sonne aus dem Universum stehlen, flöge Newton zufolge die Erde augenblicklich geradeaus und wäre im Dunkeln. Doch diese Vorstellung ist nicht richtig. Vielmehr dauert es über acht Minuten, bis die Katastrophe auf der Erde bemerkt würde. Denn die Sonne ist über acht Lichtminuten (150 Millionen Kilometer) von ihrem dritten Planeten entfernt.

Die Relativitätstheorie ist hingegen eine Nahwirkungstheorie wie James Clerk Maxwells Theorie des Elektromagnetismus. Die Kraftübertragung erfolgt nicht augenblicklich, sondern braucht Zeit – und zwar mindestens so lang, wie das Licht für die entsprechende Distanz benötigt. (Überlichtschnelle Bewegungen würden kurioserweise in die Vergangenheit führen.)

Im Rahmen der Speziellen Relativitätstheorie hatte Einstein gezeigt, dass sich kein Körper mit einer positiven Ruhemasse schneller als das Licht bewegen kann – ja, noch nicht einmal die Lichtgeschwindigkeit zu erreichen vermag, weil dafür unendlich viel Energie nötig wäre. Damit war es völlig unglaubhaft, dass die Schwerkraft ohne Zeitverlust wirkt, wie einst Newton meinte.

„Nach der Relativitätstheorie gibt es nämlich in der Natur kein Mittel, das uns gestatten würde, Signale mit Überlichtgeschwindigkeit zu senden. Andererseits aber ist einleuchtend, dass wir bei strenger Gültigkeit von Newtons Gesetz die Gravitation dazu verwenden können, Momentansignale von einem Orte A nach einem entfernten Orte B zu senden; denn die Bewegung einer gravitierenden Masse in A müsste gleichzeitige Änderungen des Gravitationsfeldes in B zur Folge haben."

Der glücklichste Gedanke

Die Schwerkraft ließ sich nicht einfach in die Spezielle Relativitätstheorie einbauen, weil dann Galileo Galileis Einsicht nicht mehr gültig wäre, dass alle Körper gleich schnell fallen, unabhängig von ihrer Zusammensetzung. Daran wollte Einstein nicht rütteln: „Wenn die Theorie dies nicht oder nicht in natürlicher Weise leistete, so war sie zu verwerfen", dachte er. Dann hatte er eine Idee.

„Ich saß auf meinem Sessel im Berner Patentamt, als mir plötzlich folgender Gedanke kam: Wenn sich eine Person im freien Fall befindet, dann spürt sie ihr eigenes Gewicht nicht. Ich war verblüfft. Dieser einfache Gedanke machte auf mich einen tiefen Eindruck. Er trieb mich in Richtung einer Theorie der Gravitation."

Mit seinem Einfall im Patentamt war Einstein „auf den glücklichsten Gedanken" seines Lebens gestoßen. So formulierte er es 1920 in einem Rückblick.

„Für einen Beobachter, der sich im freien Fall vom Dach eines Hauses befindet, existiert – zumindest in seiner unmittelbaren Umgebung – kein Gravitationsfeld. Wenn nämlich der fallende Beobachter einige andere Körper fallen lässt, dann befinden sie sich im Bezug auf ihn im Zustand der Ruhe oder gleichförmigen Bewegung. So ist die experimentell nachgewiesene Unabhängigkeit der Fallbeschleunigung ein starkes Argument für die Tatsache, dass das Relativitätspostulat auch auf Koordinatensysteme ausgedehnt werden muss, die sich zueinander in nicht gleichförmiger Bewegung befinden."

Damit ging Einstein über den Gültigkeitsbereich der Speziellen Relativitätstheorie hinaus. Denn das „Spezielle" an ihr ist ja gerade, dass sie nur spezielle Bezugssysteme beschreibt: solche, die gleichförmig sind. Beschleunigungen und die Wirkung der Gravitation thematisiert sie eben nicht. Dass zwischen diesen eine tiefe Verwandtschaft

Ein Mensch im freien Fall ist schwerelos genau wie im Weltraum fern von jeder Gravitation. Und die Schwereanziehung auf einen Planeten lässt sich vom „Andruck" der Beschleunigung im Inneren einer Rakete nicht unterscheiden, wenn man sich in einem geschlossenen Raum befindet und nicht aus dem Fenster blicken kann. Dieses Äquivalenzprinzip von Beschleunigung und Gravitation – genauer: von träger und schwerer Masse – war die entscheidende Voraussetzung für die Entwicklung der Allgemeinen Relativitätstheorie.

Gravitation und Geometrie

besteht oder sie in ihren Wirkungen unter bestimmten Bedingungen ununterscheidbar sind, war Einsteins Grundidee. Das motivierte ihn zu zwei Postulaten:

Das Äquivalenzprinzip: Träge und schwere Masse sind identisch (haben also denselben Wert, was schon Isaac Newton annahm). Die schwere Masse im Gravitationsfeld, messbar beispielsweise mit einer Federwaage, und die träge Masse, die sich einer Beschleunigung widersetzt, sind also gleich groß.

Die Universalität des freien Falls: Die Fallgeschwindigkeit ist unabhängig von der Zusammensetzung der Körper (was schon Galileo Galilei vermutete). In jedem frei fallenden Bezugssystem gelten dieselben physikalischen Gesetze wie in Bezugssystemen ohne Gravitation, also wie in der Physik der Speziellen Relativitätstheorie. Eine Feder und ein Hammer fallen im Vakuum somit gleich schnell. (Das hat der Astronaut David Scott 1971 auf dem Mond bei der Mission Apollo 15 eindrucksvoll demonstriert.) Im irdischen Alltag ist dies wegen des Luftwiderstands selbstverständlich nicht zu bemerken.

Dem Äquivalenzprinzip zufolge würde also ein Physiker in einem geschlossenen Zimmer nicht herausfinden können, ob das Butterbrot, das vom Frühstückstisch auf den Boden fällt (natürlich mit der Butterseite nach unten …), dies aufgrund der Schwerkraft tut – oder weil das Zimmer in Wirklichkeit eine Kabine in einem Raumschiff ist, das entgegen der Fallrichtung des Butterbrots konstant beschleunigt wird. Und umgekehrt wird ebenfalls das Prinzip daraus: Fern von jeder Gravitationsquelle ist man schwerelos – aber auch im freien Fall, etwa bei bestimmten „Falltürmen" auf dem Jahrmarkt oder beim Fallschirmspringen. Tatsächlich sind Astronauten in der Erdumlaufbahn, zum Beispiel in der Internationalen Raumstation, nicht deshalb schwerelos, weil sie sich im Weltraum befinden. Die Gravitation der Erde ist in 400 Kilometer Höhe immer noch recht stark. Sondern die Astronauten schweben herum, weil sie sich im

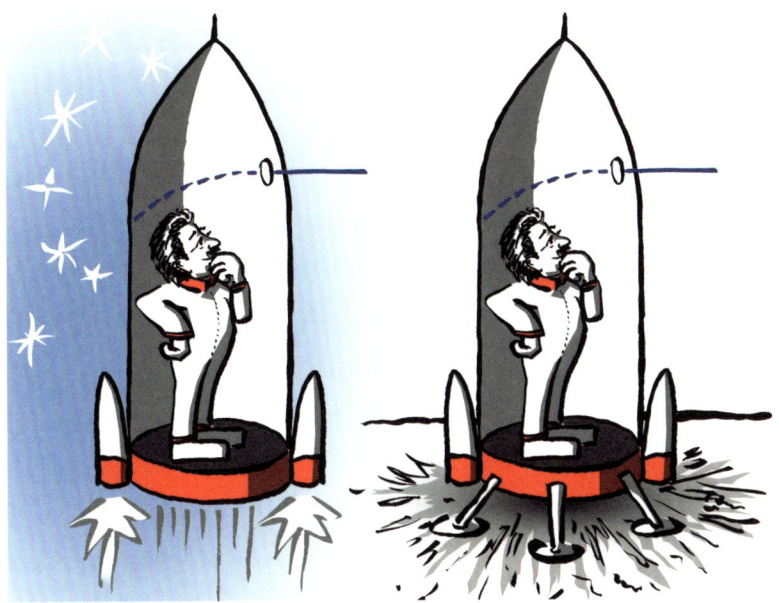

Misst ein Physiker in einer Rakete einen gekrümmten Lichtstrahl, dann kann er die Ursache dafür ohne einen Blick aus dem Fenster nicht erkennen: Der Effekt ist nämlich derselbe, wenn sich die Rakete entweder beschleunigt bewegt oder aber in einem Schwerefeld steht. Diese Überlegungen brachten Einstein dazu, die Lichtablenkung im Gravitationsfeld vorauszusagen – ein Effekt, dessen Nachweis ihn 1919 weltberühmt machte.

permanenten freien Fall befinden – im kreisförmigen Dauersturz rund um den Globus.

Einstein beharrte in den folgenden Jahren auf diesen Postulaten. Tatsächlich erwies sich das Äquivalenzprinzip als Schlüssel zur Allgemeinen Relativitätstheorie und fand erst darin eine subtile Erklärung. Aus diesem Prinzip zog Einstein außerdem eine erstaunliche Schlussfolgerung: Die Schwerkraft beeinflusst Lichtstrahlen! Zum einen sollte sie deren Frequenz vermindern (Gravitationsrotverschiebung), zum anderen die Bahn der Strahlen verbiegen, wenn sie an einem massereichen Körper vorbeikommen. Einstein machte also zwei kühne Voraussagen neuer physikalischer Effekte: die Lichtablenkung und die Zeitverlangsamung im Schwerefeld. Er hielt dies aber für viel zu schwach, als dass es jemals gemessen werden könnte. Einsteins Annahme war zu pessimistisch, doch bis zum Nachweis dieser Effekte mussten noch viele Jahre vergehen.

Die vierdimensionale Raumzeit

Eine wichtige Konsequenz der Speziellen Relativitätstheorie war Einstein zunächst verborgen geblieben. Die Einsicht stammt von dem Mathematiker Hermann Minkowski. Bei ihm hatte Einstein am Züricher Polytechnikum einst Mathematikvorlesungen gehört – oder hören sollen, doch häufig geschwänzt.

Am 21. September 1908 eröffnete Minkowski einen Vortrag in Köln mit pathetischen Worten: „Die Anschauungen über Raum und Zeit sind auf experimentell-physikalischem Boden erwachsen. Darin liegt ihre Stärke. Ihre Tendenz ist eine radikale. Von Stund' an sollen Raum für sich und Zeit für sich völlig zu Schatten herabsinken, und nur noch eine Art Union der beiden soll Selbständigkeit bewahren." Diese Einheit nannte er „Raumzeit". Minkowski zufolge hat also die Spezielle Relativitätstheorie Raum und Zeit als absolute und eigenständige Kategorien aufgehoben und die Zeit wurde als „vierte Dimension" mit den drei Raum-Dimensionen zur Raumzeit verschmolzen.

Obwohl Einstein diese Gedanken zunächst als „überflüssige Gelehrsamkeit" vorübergehend abgelehnt hat, begriff er bald, dass sie eine Voraussetzung für die Verallgemeinerung seiner Theorie waren – und bald fand er sie sogar fast selbstverständlich:

„Ein mystischer Schauer ergreift den Nichtmathematiker, wenn er von ‚vierdimensional' hört, ein Gefühl, das dem vom Theatergespenst erzeugten nicht unähnlich ist. Und doch ist keine Aussage banaler als die, dass unsere gewohnte Welt ein vierdimensionales zeiträumliches Kontinuum ist."

Seine Ideen konnte Einstein erst 1911 weiterentwickeln. Inzwischen war er Physik-Professor an der Universität Prag geworden. Dort verfasste er mehrere innovative Artikel zum Äquivalenzprinzip und zu statischen Gravitationsfeldern – letztere sind ein extrem vereinfachter unrealistischer, aber lehrreicher Fall. Er erwog sogar vorübergehend eine variable Lichtgeschwindigkeit.

Mehrere renommierte Physiker machten sich, von Einsteins Artikeln angeregt, ebenfalls ans Werk: vor allem Max Abraham, Gunnar Nordström und Gustav Mie. Es gab eine konstruktive Zusammenarbeit (so verbesserte Einstein mit Adriaan Fokker Nordströms Theorie), aber auch heftigen Streit in Briefen, auf Konferenzen und in der Fachliteratur. 1914 kommentierte Einstein:

„Ich freue mich darüber, dass die Fachgenossen sich überhaupt mit der Theorie beschäftigen, wenn auch vorläufig nur in der Absicht, dieselbe totzuschlagen."

Alle Konkurrenztheorien scheiterten jedoch nach und nach aufgrund von Widersprüchen in ihrer Logik oder weil sie nicht zu den physikalischen Daten passten.

Von der rotierenden Scheibe zur gekrümmten Welt

Einsteins Vorgehen war vorsichtig, genau überlegt und schrittweise. „Jeder Schritt ist verteufelt schwierig", schrieb er in einem Brief im März 1912 an seinen Freund Michele Besso. Bereits wenige Monate später stieß er auf ein Problem, das zu einem Wendepunkt seiner Forschung führte. Es war das Gedankenexperiment einer fast lichtschnell rotierenden Scheibe, das Max Born 1909 ersonnen hatte, worauf Paul Ehrenfest eine paradoxe Situation entdeckte: Der Scheibenrand müsste der Längenkontraktion unterworfen sein, ihr Radius aber nicht. Damit konnte der Umfang der relativistischen Scheibe nicht das Produkt der Kreiszahl π und des Scheibendurchmessers sein, wie in der euklidischen Geometrie definiert. Doch diese gilt nur in der Ebene und in flachen, das heißt ungekrümmten Räumen.

Die Scheibe musste jedoch mit einer nichteuklidischen Geometrie beschrieben werden. Dafür gab es bereits einen auf Mathematiker wie Carl Friedrich Gauß und dessen Schüler Bernhard Riemann zurückgehenden Formalismus. Diese Konsequenz zog der Mathematiker Theodor Kaluza schon 1910 und argumentierte, dass die hypothetische Scheibenoberfläche negativ gekrümmt sein müsse. Da gemäß des Äquivalenzprinzips Beschleunigung und Gravitation eng zusammenhängen, gelangte Einstein zu einer drastischen Schlussfolgerung: Auch das Gravitationsfeld muss mit einer nichteuklidischen Geometrie beschrieben werden und somit müssten Massen den Raum gleichsam innerlich krümmen. Das war ein radikaler Gedanke – und zugleich ein entscheidender Schritt bei der Entwicklung der Allgemeinen Relativitätstheorie.

Das klingt sehr kompliziert und ist es auch. Einstein hätte es wohl allein gar nicht bewältigen können. „Grossmann hilf mir, sonst werde ich verrückt", soll er gesagt haben, und bat seinen früheren Kommilitonen Marcel Grossmann um Rat – der ihn mit seinen akribischen Vorlesungsmitschriften einst schon bei den Prüfungen an der Universität und später bei der Vermittlung der Stelle am Berner Patentamt unterstützt hatte. Die Gelegenheit war günstig, denn im August 1912 zog Einstein auch zurück nach Zürich. Frustriert von den überbordenden Verwaltungsaufgaben in Prag – „die Tintenscheißerei ist endlos" – hatte er eine Professur an der Eidgenössischen

In einem Gedankenexperiment stieß Paul Ehrenfest auf eine Paradoxie. Er stellte sich eine fast mit Lichtgeschwindigkeit rotierende starre Scheibe vor (1). Gemäß der Speziellen Relativitätstheorie muss ihr Rand in Bewegungsrichtung verkürzt sein (Längenkontraktion), und Uhren am Rand müssen langsamer ticken (Zeitdilatation) als in der Scheibenmitte. Weil die Längenkontraktion nicht radial wirkt, der Durchmesser also unverändert bleibt, wäre der Scheibenumfang kurioserweise größer, als es die euklidische Schulmathematik beschreibt. Daraus entwickelte Einstein die Vorstellung eines durch Massen gekrümmten – und durch eine nichteuklidische Geometrie beschreibbaren Raums, denn Beschleunigung und Gravitation sind der Allgemeinen Relativitätstheorie zufolge äquivalent. Somit gehen Uhren im Gravitationsfeld langsamer als in der Schwerelosigkeit. Entsprechend tickt eine Uhr im Zentrum einer Scheibe, von dem zentrifugale Kräfte ausgehen, schneller als am Rand (2). Nichteuklidisch ausgebeulte Scheiben existieren in Wirklichkeit zwar nicht, aber das Paradoxon wird durch die Allgemeine Relativitätstheorie aufgelöst. Und deren Voraussage lässt sich mithilfe der Spektrallinien von Atomen auch messen: Nah bei der Sonne (3) vergeht die Zeit für diese natürlichen „Atomuhren" langsamer als weiter außen im solaren Schwerefeld.

Gravitation und Geometrie

Technischen Hochschule angenommen. Das war ein Glücksfall, denn dort lehrte Grossmann seit 1907 als Professor für Geometrie.

Grossmann war schnell Feuer und Flamme und half Einstein sehr beim Verständnis dieser schwierigen neuen Mathematik. Er brachte ihm die Werke von Bernhard Riemann, Elwin Christoffel sowie Gregorio Ricci-Curbastro und dessen Schüler Tullio Levi-Civita nahe. Sie hatten die Konzepte der Mannigfaltigkeit und Metrik, die Differentialgeometrie gekrümmter Räume sowie spezielle mathematische Funktionen namens Tensoren eingeführt. Das alles stellte sich

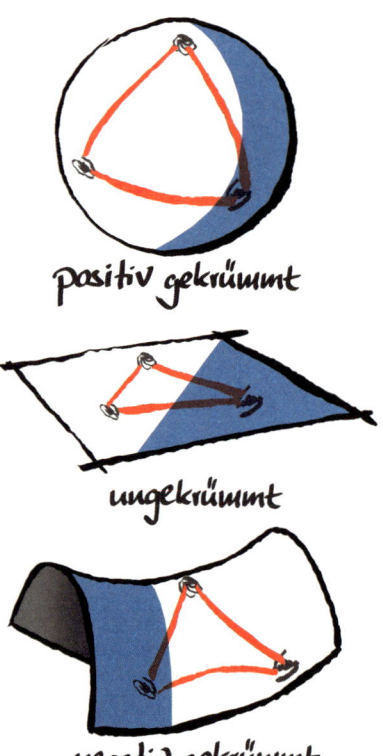

positiv gekrümmt

ungekrümmt

negativ gekrümmt

In der ebenen Fläche wie in einem flachen Raum gilt die gewohnte Schulgeometrie. Parallelen schneiden sich nie und Dreiecke haben eine Winkelsumme von 180 Grad. Es sind jedoch auch kompliziertere Fälle denkbar: nichteuklidische Geometrien. Ist die Fläche – oder der Raum mit einer Dimension mehr – positiv gekrümmt, also sphärisch, dann schneiden sich Parallelen und Dreiecke haben eine Winkelsumme von über 180 Grad. Ist die Fläche oder der Raum negativ gekrümmt, also hyperbolisch, dann laufen Parallelen auseinander und die Winkelsumme von Dreiecken ist kleiner als 180 Grad. Diese Möglichkeiten gelten nicht nur für die Mathematik, sondern auch für den physikalischen Raum. Solche Krümmungen sind übrigens als rein „innerlich" aufzufassen, sie erfordern also keine höhere Dimension, in die die Flächen oder Räume eingebettet wären.

als unerlässlich für die Charakterisierung des Gravitationsfelds im Rahmen der nichteuklidischen Geometrie heraus.

Für Einstein war es eine Tortur. An den Physiker Arnold Sommerfeld schrieb er, dass er „sich im Leben noch nicht annähernd so geplagt" habe und nun „große Hochachtung für die Mathematik eingeflößt bekommen habe, die ich bis jetzt in ihren subtileren Teilen in meiner Einfalt für puren Luxus ansah! Gegen dies Problem ist die ursprüngliche Relativitätstheorie eine Kinderei." Als ihn Max Planck 1913 besuchte, hielt dieser das Unterfangen sogar für aussichtslos: „Als alter Freund muss ich Ihnen davon abraten, weil Sie einerseits nicht durchkommen werden; und wenn Sie durchkommen, wird Ihnen niemand glauben."

Leitlinien zur Allgemeinen Relativitätstheorie

Rekonstruiert man die Formulierung der Allgemeinen Relativitätstheorie als eine konsequente Logik der Forschung, dann lässt sich die Theorie aus mehreren Grundannahmen entwickeln. Diese sind allerdings von unterschiedlicher Art und basierten teilweise auf Entscheidungen, die im Forschungsprozess zunächst nicht jeder Kollege mittrug.

Das Äquivalenzprinzip: Träge und schwere Masse haben denselben Wert und unterschiedliche Körper fallen im Vakuum gleich schnell.
Das Korrespondenzprinzip: Die Allgemeine Relativitätstheorie sollte bei ihren Voraussagen und Beschreibungen in Isaac Newtons Theorie der Schwerkraft übergehen, also diese als Grenzfall für schwache Gravitationsfelder und langsame Geschwindigkeiten enthalten. Denn für solche Verhältnisse – etwa Wurfbewegungen und Planetenbahnen – hatte sich Newtons Gravitationsgesetz seit dem 17. Jahrhundert glänzend bewährt.

Die Erhaltungssätze: Was in einem geschlossenen System als Energie und Impuls vorhanden ist, bleibt konstant. Diese physikalischen Erhaltungsgrößen können weder aus dem Nichts auftauchen noch verschwinden.

Die Kovarianz (erweitertes Relativitätsprinzip): Die Feldgleichungen der Gravitation sollten in allen Koordinatensystemen gleich sein, also bei Umrechnungen von einem System in ein anderes unverändert bleiben. In diesem Sinn wird die Spezielle Relativitätstheorie verallgemeinert für beschleunigte Systeme einschließlich der Gravitation.

Empirie: Wie jede brauchbare wissenschaftliche Theorie muss die Allgemeine Relativitätstheorie mit den Resultaten der Beobachtungen und Experimente ihres Gegenstandsbereichs übereinstimmen. Sie sollte somit einerseits Messergebnisse von bislang unbeobachteten Phänomenen voraussagen, die Newtons Theorie nicht oder anders prognostiziert. Und sie sollte andererseits noch unverstandene Daten erklären können.

Diese Leitlinien waren Einsteins wesentliche Orientierungshilfen für die Entwicklung der Allgemeinen Relativitätstheorie. Zumindest lässt sich das so im Rückblick sagen. Die Empirie spielte, von bereits recht präzisen Messungen zur Stützung des Äquivalenzprinzips abgesehen, zunächst kaum eine Rolle; und sie war auch erst am Ende des Forschungsprozesses von Bedeutung, als die Erklärung einer Besonderheit der Bahn des Planeten Merkurs gelang.

Vom Königsweg in die Sackgasse

Marcel Grossmann half Einstein nicht nur bei den mathematischen Grundlagen, sondern auch bei der Suche nach den Feldgleichungen der Gravitation. Bis zum Mai 1913 hatten die beiden große Fortschritte gemacht und alles in einer kleinen Schrift zusammengefasst. Ihr Titel war vorsichtig gewählt: *Entwurf einer verallgemeinerten Relativitätstheorie und einer Theorie der Gravitation*. Darin sind bereits die wesentlichen begrifflichen und mathematischen Elemente der vollendeten Allgemeinen Relativitätstheorie enthalten.

Völlig zufrieden waren Einstein und Grossmann jedoch nicht. Neben der „unleugbaren Kompliziertheit" gab es mehrere Probleme. So ließen sich rotierende Systeme nicht in der Entwurftheorie wie solche in Ruhe behandeln – Einsteins hochgestecktes Ziel der Kovarianz (Koordinaten-Unabhängigkeit) der Gleichungen war also nicht vollkommen erreicht. Zwar meinte er, dass „dieser hässliche dunkle Fleck" tolerierbar sei, bezeichnete die Kovarianz-Forderung sogar als „Hemmnis" und versuchte zu zeigen, dass sie gar nicht erfüllbar sei. Seine Argumente stellten sich später aber als falsch heraus und verzögerten den Durchbruch zur korrekten Theorie um mehr als zwei Jahre. Einstein arbeitete jedoch unverdrossen weiter und war zuversichtlich:

„Die Natur zeigt uns von dem Löwen zwar nur den Schwanz. Aber es ist mir unzweifelhaft, dass der Löwe dazu gehört, wenn er sich auch wegen seiner ungeheuren Dimensionen dem Blicke nicht unmittelbar offenbaren kann. Wir sehen ihn nur wie eine Laus, die auf ihm sitzt."

Im Mai 1914 erschien die letzte gemeinsame Arbeit mit Grossmann. Am 6. April 1914 zog Einstein nach Berlin – „als Akademiemensch ohne irgendwelche Verpflichtung, quasi als lebendige Mumie", schrieb er an seinen früheren Mitarbeiter Jakob Laub und berichtete, dass er zum Mitglied der Preußischen Akademie der Wissenschaften ernannt worden war, wo er keine Vorlesungen mehr halten und Studenten betreuen musste. Aber der Start war schlecht. Einsteins

Es war unglaublich schwierig für Einstein, aus seiner „Laus"-Perspektive das große Ganze der Relativitätstheorie zu überblicken.

Allgemeine Relativitätstheorie

Welt geriet gleich zweifach aus den Fugen. Zum einen privat: Seine Ehe mit Mileva zerbrach endgültig. Zum anderen begann Ende Juli der Erste Weltkrieg. Er belastete Einstein schwer und machte aus dem zurückgezogenen Gelehrten eine öffentliche Figur, weil seine Meinung zu vielen nichtwissenschaftlichen Themen gefragt war. Er wandte sich vehement und mutig in Zeitungsartikeln, politischen Veranstaltungen sowie pazifistischen Zirkeln gegen den fanatischen Nationalismus – den er für „eine Kinderkrankheit" hielt, die „Masern der menschlichen Rasse" – und setzte sich später für die Schaffung einer demokratischen Weltregierung ein. Ihm selbst war jede patriotische Gesinnung fremd. 1915 schrieb er:

„Der Staat, dem ich als Bürger angehöre, spielt in meinem Gemütsleben nicht die geringste Rolle; ich betrachte die Zugehörigkeit zu meinem Staate als eine geschäftliche Angelegenheit, wie etwa die Beziehung zu einer Lebensversicherung."

Einstein arbeitete fieberhaft und revidierte mehrfach seine Ergebnisse. „Es ist bequem mit dem Einstein. Jedes Jahr widerruft er, was er das vorige Jahr geschrieben hat", bemerkte er selbstironisch in einem Brief an Ehrenfest. Im November 1914 veröffentlichte er dann die umfangreiche Abhandlung *Die formale Grundlage der allgemeinen Relativitätstheorie*. Sie enthält auch eine Ableitung der mit Grossmann formulierten Feldgleichungen. Darin steckte allerdings ein Fehler.

Ende Juni 1915 reiste Einstein für eine Woche nach Göttingen, um an der Universität den aktuellen Stand seiner Bemühungen vorzustellen. Eingeladen hatte ihn David Hilbert, Mathematik-Professor dort und einer der berühmtesten seines Faches weltweit. Daraufhin machte sich auch Hilbert an den Versuch, die richtigen Feldgleichungen zu finden. Fast wäre er Einstein zuvor gekommen.

Spätestens Anfang November brach das hehre Gebäude der Entwurftheorie krachend zusammen. Einstein verwarf schließlich frustriert den ganzen Ansatz und bezeichnete ihn als „ein verhängnisvolles Vorurteil". Es war ein unglückliches Zusammentreffen mehrerer Faktoren, das ihm den Blick verstellt hatte.

„Zweierlei sind die Abwege des Theoretikers: 1) der Teufel führt ihn mit einer falschen Voraussetzung an der Nase herum (dafür verdient er Mitleid), 2) Er argumentiert fehlerhaft und liederlich (dafür verdient er Prügel)."

So schrieb Einstein bereits im Februar 1915 an Lorentz und bat um Mitleid. Inzwischen hatte er begriffen, welches tiefe Missverständnis ihm und Grossmann unterlaufen war. Sie hatten die Natur statischer Gravitationsfelder falsch eingeschätzt (nämlich als euklidisch) und vorschnell die allgemeine Kovarianz der Gleichungen aufgegeben. Wären sie damit nicht gleichsam falsch abgebogen auf ihren Rechenwegen, dann hätten sie den Königsweg zu den Feldgleichungen beschritten. Denn Einstein hatte bereits 1912 – wie sein Notizbuch aus dieser Zeit belegt – die richtigen Gleichungen in vereinfachter Form gefunden, aber nicht als solche erkannt.

Der Durchbruch

Einstein begann im Herbst 1915 noch einmal von vorn. Dabei griff er die Vorarbeiten von 1912 und 1913 wieder auf. Und dann ging es Schlag auf Schlag. Im Wochentakt reichte Einstein im November je einen Beitrag bei den *Sitzungsberichten* seiner Akademie ein. In diesem Monat voller unsäglicher Anstrengungen am Rand der Erschöpfung meißelte Einstein aus den Trümmern der vorangegangenen Versuche ein neues Gebäude, über dessen Eingang die Feldgleichungen der Gravitation thronen sollten. Und zwar so, wie sie ihre Gültigkeit bis heute bewahrt haben und in jedem fortgeschrittenen Physik-Lehrbuch zu finden sind (wenn auch meistens in einer moderneren Schreibweise).

Die erste Arbeit, am 4. November zur Veröffentlichung eingereicht, trug den schlichten Titel *Zur allgemeinen Relativitätstheorie*. Darin gestand Einstein gleich auf der ersten Seite seinen „Irrtum" mit den bisherigen Feldgleichungen ein. Er kehrte zu seiner ursprünglichen Grundannahme zurück, dass die Naturgesetze in allen Koordi-

Viele Wege boten sich ihm dar – er nahm sie alle, obwohl nur einer richtig war.

Gravitation und Geometrie

natensystemen dieselbe Form haben, und schlug neue Gleichungen vor, die das erfüllen.

Doch die neue Theorie hatte noch immer Defizite, wie Einstein bald erkennen musste. Zunächst versuchte er am 11. November in einem kurzen *Nachtrag* zum vorigen Artikel zu zeigen, «dass durch Einführung einer allerdings kühnen zusätzlichen Hypothese über die Struktur der Materie ein noch strafferer logischer Aufbau der Theorie erzielt werden kann.» Obschon er diesen Ansatz bereits in den nächsten Wochen wieder fallen ließ, brachte er ihn doch auf eine Idee zur Weiterentwicklung seines Formalismus, und er stellte neue Gleichungen auf.

Am 18. November kam der nächste Artikel. Es war der einzige in diesem Monat, den Einstein auch als Vortrag vorstellte – wohl in der Hoffnung, Astronomen zu interessieren und die Verbindung seiner Theorie mit Beobachtungen zu knüpfen. Der Titel der Arbeit (die übrigens acht Schreibfehler in den Formeln enthielt, was Einsteins großen Zeitdruck verdeutlicht) war sensationell: *Erklärung der Perihelbewegung des Merkur aus der allgemeinen Relativitätstheorie*.

Das Perihel ist der sonnennächste Punkt einer elliptischen Planetenbahn. Bei Merkur war Astronomen im 19. Jahrhundert aufgefallen, dass sich dieser Punkt langsam verschob: Die Ellipsen beschreiben mit der Zeit quasi eine Rosettenfigur im Raum. Bei Merkur wandert das Perihel um 574 Bogensekunden pro Jahrhundert. Der Effekt beruht größtenteils auf der Gravitationswirkung der anderen Planeten im Sonnensystem, vor allem auf der „störenden" Anziehung von Venus und Jupiter. Das erklärt jedoch nicht einen kleinen Betrag von 43 Bogensekunden (etwa 1/80 Grad) pro Jahrhundert. Alle Versuche, dies zu verstehen, scheiterten. So wurde ein unbekannter Planet innerhalb der Merkurbahn vermutet, aber nie gefunden, sowie ein hypothetischer Planetoiden- oder Staubgürtel verantwortlich gemacht oder die Abplattung der Sonne.

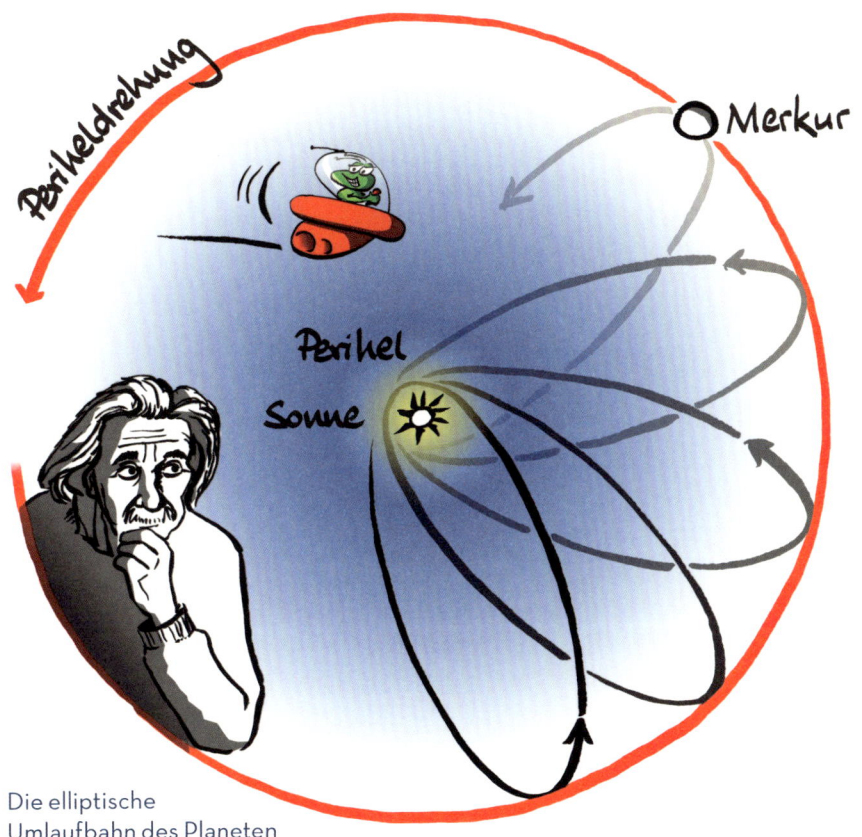

Die elliptische
Umlaufbahn des Planeten
Merkur (hier stark übertrieben dargestellt) ist nicht geschlossen. Denn ihr sonnennächster Punkt, das Perihel, bewegt sich langsam um die Sonne herum. Das konnte erst Einstein vollständig erklären.

Dass sich Merkurs Bahn als Testfall für eine Verallgemeinerung der Relativitätstheorie eignen könnte, hatte Einstein schon 1907 erwogen und mit Michele Besso 1913 mithilfe der Entwurftheorie vergeblich zu beweisen versucht. Als Einstein im November 1915 die Rechnung

Gravitation und Geometrie

mit seinen neuen Feldgleichungen wiederholte, ergab sich der passende Wert. Zwar waren die Gleichungen damals noch nicht komplett, wie er wenige Tage später erkannte, doch wirkte sich dieser Mangel nicht auf die Rechnung aus. Einstein fand eine „volle Übereinstimmung" seiner neuen Theorie mit den astronomischen Messungen. Das brachte auch Skeptiker wie Max Planck zum Nachdenken. „Ich war einige Tage fassungslos vor freudiger Erregung", erinnerte sich Einstein später an das Ergebnis seiner Merkur-Rechnung und schrieb an Sommerfeld: „Es ist der wertvollste Fund, den ich in meinem Leben gemacht habe". Er bekam vor lauter Aufregung sogar Herzrhythmusstörungen.

Am 25. November vollendete Einstein seinen geistigen Kraftakt und übergab der Berliner Akademie den Artikel *Die Feldgleichungen der Gravitation*, der die vorige Version der Gleichungen komplettierte. „Damit ist endlich die Allgemeine Relativitätstheorie als logisches Gebäude abgeschlossen", heißt es im letzten Absatz triumphierend. Einstein betonte, dass jede Theorie, die mit der Speziellen Relativitätstheorie vereinbar ist, in die Allgemeine Relativitätstheorie „eingereiht werden" könne. Diese ist demnach nicht nur eine Theorie für die Beschreibung der Gravitation, sondern auch eine Rahmentheorie für andere physikalische Theorien (etwa die Elektrodynamik) – wie zuvor schon die Spezielle Relativitätstheorie für den Spezialfall der gleichförmig bewegten Bezugssysteme.

„Die kühnsten Träume sind nun in Erfüllung gegangen", schrieb Einstein am 10. Dezember an Besso. Die letzten Fehler waren jetzt beseitigt. Bis zu der dann 1916 in den *Annalen der Physik* veröffentlichten ersten Gesamtdarstellung hatte Einstein in einer intellektuellen Achterbahnfahrt ein Dutzend Arbeiten zur Schwerkraft verfasst und dabei jeweils die Schlussfolgerungen des vorangegangenen Artikels revidiert. „Ich hatte im letzten Monat eine der aufregendsten, anstrengendsten Zeiten meines Lebens, allerdings auch der erfolgreichsten", blickte der erschöpfte Einstein am 28. November in einem Brief an Sommerfeld auf die Tortur zurück. Und am 8. Februar 1916 schrieb er ihm: „Von der Allgemeinen Relativitätstheorie werden Sie überzeugt sein, wenn Sie dieselbe studiert haben werden. Deshalb verteidige ich Sie Ihnen mit keinem Wort."

Die Allgemeine Relativitätstheorie in einer Zeile

Einsteins Feldgleichungen der Gravitation beschreiben im Prinzip das Universum als Ganzes und passen doch mühelos auf ein T-Shirt:

Zwar ist das etwas getrickst. Denn aufgrund der Indizes µ und ν, die für die vier Raumzeit-Koordinaten stehen (also jeweils 1, 2, 3 oder 4 lauten), sind es eigentlich 16 Gleichungen. Von denen heben sich allerdings sechs aufgrund von Symmetrien auf, sodass zehn übrig bleiben. Doch sie lassen sich der Übersichtlichkeit halber leicht mathematisch komprimieren.

Wer die Formel auf einem T-Shirt trägt, kommt in der Straßenbahn oder auf einer Party wohl schnell ins Gespräch mit interessierten Zeitgenossen. Vielleicht gibt es sogar neugierige Nachfragen. Da trifft es sich gut, dass man Einsteins Jahrhundertwerk in einem einzigen Satz erklären kann: Die Feldgleichungen der Gravitation verbinden den Energie-Impuls-Tensor $T_{\mu\nu}$ mit der Krümmung der vierdimensionalen Raumzeit, die beschrieben wird durch den Ricci-Tensor $R_{\mu\nu}$, den Krümmungsskalar R und den Metrik-Tensor $g_{\mu\nu}$ (c ist die Vakuum-Lichtgeschwindigkeit, G die Gravitationskonstante und π die Kreiszahl 3,1415...).

Alles klar? – Wenn nicht, dann noch ein Versuch: Die Gleichungen setzen mathematisch die Raumzeit mit Materie und Energie in Beziehung. Die linke Seite drückt die Krümmung der Raumzeit aus. Sie wird mit dem Apparat der nichteuklidischen Geometrie charakterisiert. Rechts vom Gleichheitszeichen stehen materielle Größen wie Dichte, Druck, Spannung und Ladung; $T_{\mu\nu}$ beschreibt also die Quelle des Gravitationsfelds. Einstein hielt übrigens die linke Seite der Feldgleichungen für wichtiger und verglich sie mit „Marmor", die rechte dagegen mit „Holz", weil es damals noch keine überzeugende Theorie der Materie gab.

Raum und Zeit bilden demnach nicht die passive Bühne der Ereignisse, sondern werden von den Körpern und sogar von Strahlung beeinflusst – wie auch umgekehrt. Deshalb ist die Gravitation eine Eigenschaft der Raumzeit-Geometrie selbst – eine Folge der durch Massen gekrümmten Raumzeit. Denn Masse verlangsamt die Zeit

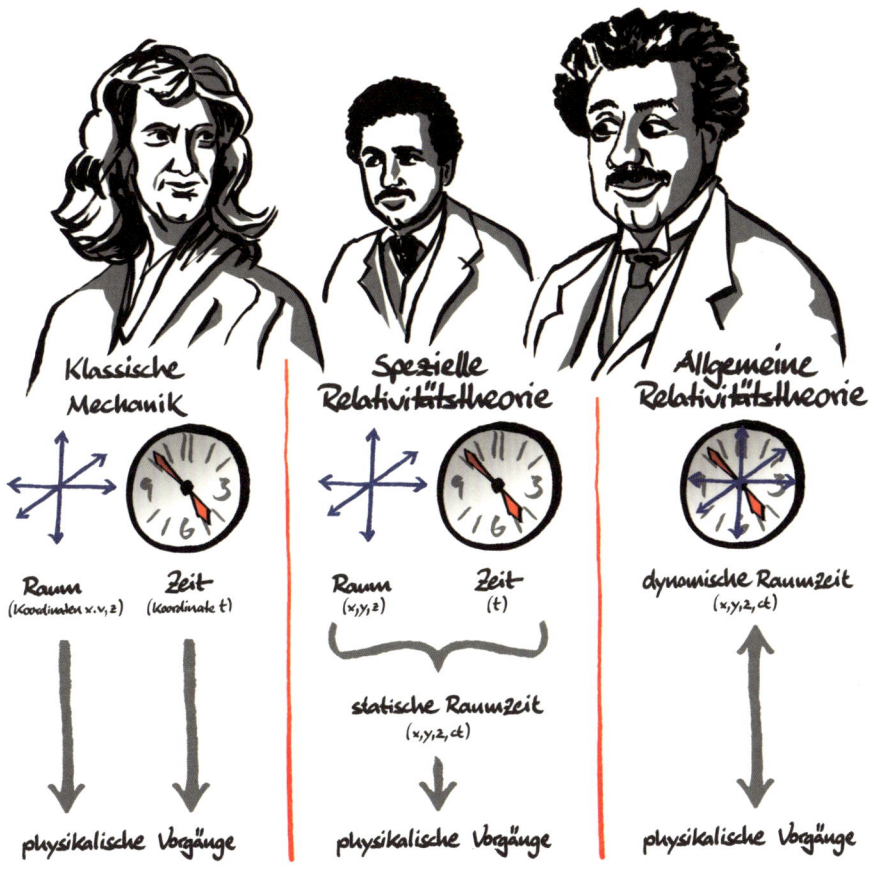

Der Zusammenhang grundlegender Weltkonzepte hat sich gewandelt. Isaac Newton hatte 1687 die Vorstellung eines Universums, dessen Raum und Zeit unendlich, passiv und absolut sind. Einstein erkannte 1905 die enge Verbindung zwischen Raum und Zeit sowie ihre Relativität (Längenkontraktion, Zeitdilatation). 1915 begriff er die aktive Rolle der Raumzeit, die mit Materie und Energie wechselwirkt und sich dabei „krümmt". Später wurde daraufhin eine Fülle kosmologischer Weltmodelle entwickelt: Raum und Zeit können jeweils endlich oder aber unendlich sein, und der Raum kann sich zusammenziehen oder ausdehnen.

Gravitation und Geometrie

(relativ zum Bezugssystem mit geringerer Schwerkraft), deformiert den Raum und bringt Lichtstrahlen auf krumme Touren. Das Gravitationsfeld ist gewissermaßen gar nicht im Raum ausgebreitet, sondern es ist der Raum selbst oder ein Merkmal von diesem.

Gravitation und Raumzeit-Geometrie hängen in der Allgemeinen Relativitätstheorie also aufs Engste zusammen. Und die Raumzeit ist nicht starr und vollkommen unangetastet von allem, was sich in ihr abspielt, sondern sie interagiert mit dem Geschehen. Sie hat es sogar hervorgebracht (im Urknall) und kann es wieder verschlingen (in Schwarzen Löchern), wie erst Jahrzehnte später deutlich wurde. Auch müssen sich die Ereignisse der Raumzeit gleichsam anschmiegen. „Die Raumzeit sagt der Materie, wie sie sich zu bewegen hat, und die Materie sagt der Raumzeit, wie sie sich krümmen muss", hat es der Physiker John Wheeler einmal poetisch pointiert.

Mit der Publikation der Feldgleichungen der Gravitation hatte Einstein den entscheidenden Meilenstein der Allgemeinen Relativitätstheorie erreicht. Der Schlussstein war dies allerdings noch keineswegs. Eigentlich fing die Arbeit jetzt erst richtig an.

Viele Fragen waren noch offen: Wie lauten die Bewegungsgleichungen für Körper im Gravitationsfeld? Welche Lösungen haben die Gleichungen? Was sind die lokalen und kosmischen Randbedingungen? Welche Konsequenzen, neue Effekte und vielleicht sogar Anwendungen gibt es? Wie können die Aussagen und Folgerungen geprüft werden? Wo sind die Grenzen der Theorie? Was wäre nötig, um diese Grenzen zu überwinden? Was bedeutet die Relativitätstheorie im größeren Kontext der Physik, was ergibt sich daraus für das wissenschaftliche und philosophische Weltbild? Und vor allem: Stimmt die Theorie denn überhaupt mit den wissenschaftlichen Beobachtungen und Experimenten überein?

Ein paar dieser Fragen konnten rasch beantwortet werden, doch die meisten beschäftigen die Forscher bis heute.

Einstein-Quiz

1. Was wollte Einstein mit der Allgemeinen Relativitätstheorie?
☐ a. Gleichförmige Bewegungen erklären
☐ b. Masse und Energie identifizieren
☐ c. Schwerkraft und Beschleunigung beschreiben

2. Was war der Ausgangspunkt der Allgemeinen Relativitätstheorie?
☐ a. Das Äquivalenzprinzip von schwerer und träger Masse
☐ b. Das Relativitätsprinzip unbeschleunigter Bezugssysteme
☐ c. Das Prinzip von der Konstanz der Lichtgeschwindigkeit

3. Was brauchte Einstein für die Allgemeine Relativitätstheorie?
☐ a. Freundliche Kollegen im Großraumbüro
☐ b. Die neuesten astronomischen Erkenntnisse
☐ c. Die nichteuklidische Geometrie

4. Uhren in einem Gravitationsfeld gehen ...
☐ a. ... langsamer
☐ b. ... schneller
☐ c. ... schneller, wenn sie beschleunigt werden

5. Warum brauchte Einstein Grossmanns Hilfe?
☐ a. Um die relativistische rotierende Scheibe zu erklären
☐ b. Um die Differentialgeometrie gekrümmter Räume zu lernen
☐ c. Um die Kovarianz der Gleichungen zu beweisen

Lösungen: 1c, 2a, 3c, 4a, 5b

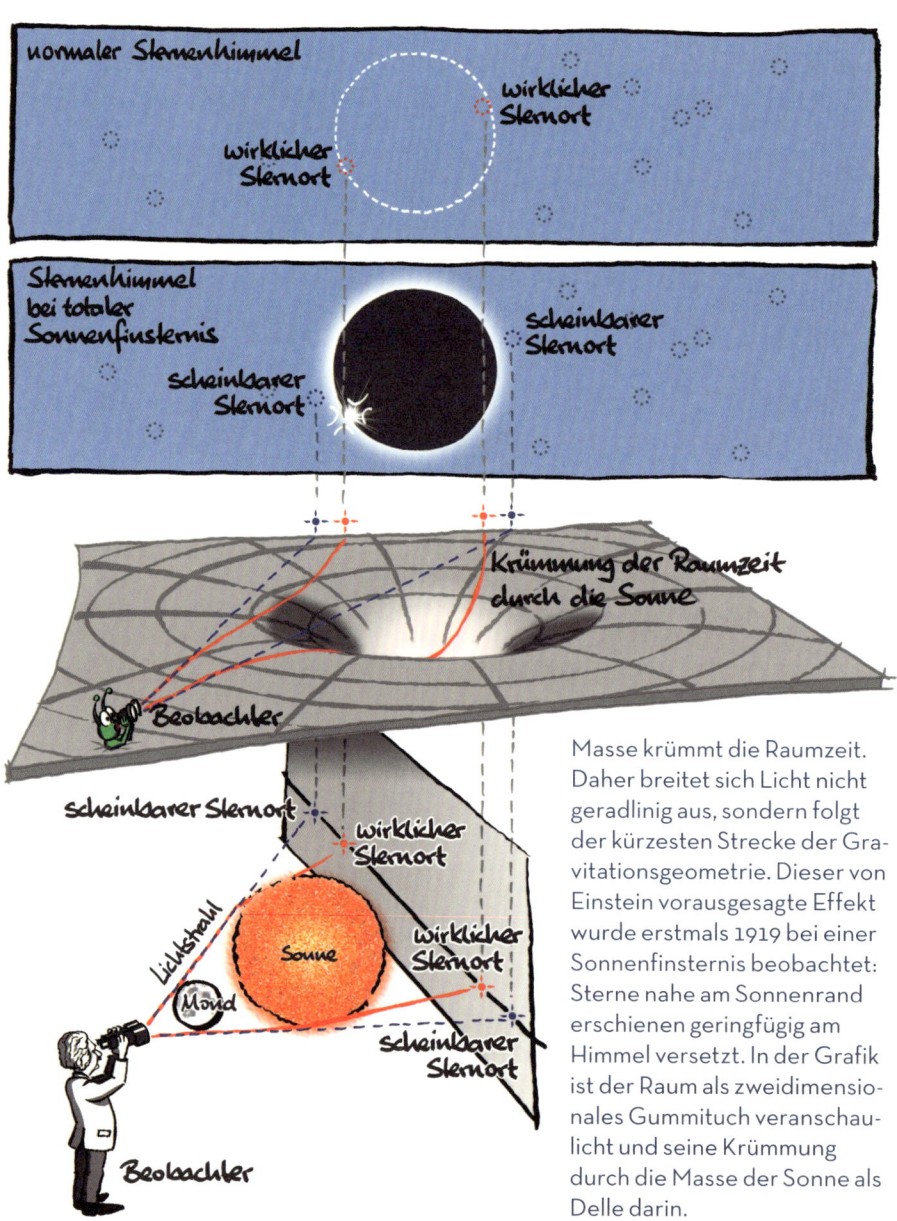

Masse krümmt die Raumzeit. Daher breitet sich Licht nicht geradlinig aus, sondern folgt der kürzesten Strecke der Gravitationsgeometrie. Dieser von Einstein vorausgesagte Effekt wurde erstmals 1919 bei einer Sonnenfinsternis beobachtet: Sterne nahe am Sonnenrand erschienen geringfügig am Himmel versetzt. In der Grafik ist der Raum als zweidimensionales Gummituch veranschaulicht und seine Krümmung durch die Masse der Sonne als Delle darin.

EXPERIMENTE FÜR EINSTEIN

„Bisher hat die Allgemeine Relativitätstheorie jeder Prüfung standgehalten, aber neue Überprüfungen auf neuen Gebieten sind in Sicht. Ob die Allgemeine Relativitätstheorie überlebt, ist für die einen eine spekulative Frage, für die anderen fromme Hoffnung und für wieder andere höchster Glaubensgrundsatz."

Wie exzellent die Relativitätstheorie inzwischen bestätigt ist, hätte Einstein sich in seinen kühnsten Träumen nicht ausgemalt. Praktische Anwendungen hielt er für völlig unrealistisch und meinte auch, dass „dass die zu erwartenden Abweichungen" seiner Theorie von Newtons Gravitationstheorie „viel zu gering sind, um sich bei der Vermessung der Erdoberfläche bemerkbar machen zu können"; er setzte seine Hoffnungen aber auf astronomische Messungen. Doch nicht nur diese, sondern auch irdische Experimente haben die Relativitätstheorie nun glänzend bestätigt – teils mit einer Genauigkeit von einem Trilliardstel. Auf Größenskalen von 0,001 Millimeter bis 100 Millionen Kilometer hat sich die Theorie ausgezeichnet bewährt (auf kleineren sowie galaktischen und kosmischen bleibt es weiterhin spannend). Sogar winzige „Kräuselungen" der Raumzeit konnten gemessen werden. Und inzwischen ist die Relativitätstheorie im Alltagsleben angekommen: Ohne sie gäbe es weder Satelliten-Navigationssysteme, mit denen man jeden Punkt auf der Erde auffinden kann, noch exakte Höhenbestimmungen – und das alles auf wenige Zentimeter genau.

Das verbogene Universum

Dass die Relativitätstheorie nicht nur Erkenntnisgrenzen überwand, sondern auch die Grenzen von Ländern mit ihrer kleinkarierten, aber umso gefährlicheren Politik, wurde in der Zeit nach dem Ersten Weltkrieg deutlich: Im nationalistischen Deutschland erfolgte der Sturz der Gravitationstheorie Isaac Newtons; doch es war ein Engländer, Arthur Stanley Eddington von der Cambridge University, der die Botschaft aus Berlin weltweit bekannt machte und zu ihrer ersten triumphalen Bestätigung verhalf – und zwar, weil er als Pazifist vom Kriegsdienst verschont blieb.

Bereits 1911 hatte Einstein berechnet, dass Lichtstrahlen ferner Sterne, die am Sonnenrand vorbeiziehen, durch die Gravitation der Sonne verbogen werden. Er sagte einen Ablenkwinkel von 0,875 Bogensekunden voraus. (Das ist winzig: Eine Bogensekunde entspricht 0,026 Millimeter auf einer fotografischen Glasplatte bei einem Teleskop, wie Eddington es benutzte.) 1913 fragte Einstein den Astronomen George Ellery Hale, ob das mit Teleskopen am Taghimmel nachgewiesen werden könne; der machte ihm aber keine Hoffnungen – denn die Helligkeit der Sonne überstrahlt alles.

Der Berliner Astronom Erwin Freundlich – ein glühender Anhänger der Relativitätstheorie und in regem Briefwechsel mit Einstein – wollte daher versuchen, die Lichtablenkung während der totalen Sonnenfinsternis vom 21. August 1914 zu messen, und reiste mit einer Expedition auf die Krim. Im gerade ausgebrochenen Ersten Weltkrieg wurde das Team jedoch gefangen genommen und die Ausrüstung konfisziert. Eine britische Gruppe unter Leitung von William Wallace Campbell kam zwar ungeschoren davon, konnte wegen einer dichten Wolkendecke südlich von Kiew aber keine Aufnahmen machen. Diese Fehlschläge waren sogar ein Glück für Einstein, weil er erst in seinem Artikel vom 18. November 1915 kurz vor der Vollendung der Allgemeinen Relativitätstheorie erkannte, dass der Ablenkwinkel infolge der Krümmung der Raumzeit doppelt so groß sein muss wie zuerst berechnet. Dies war auch etwas einfacher zu messen.

„Ein an der Sonne vorbeigehender Lichtstrahl erfährt eine Biegung von 1,7 Bogensekunden, ein am Planeten Jupiter vorbeigehender eine solche von etwa 0,02."

Eddington beschloss 1917, Einsteins Voraussage zu überprüfen. Eine totale Sonnenfinsternis am 29. Mai 1919 bot dazu Gelegenheit. Von der Insel Principe vor der Küste von Spanisch-Guinea fotografierte er den Himmel und bestimmte die Position der sonnennahen Sterne. Dies geschah auch bei einer parallelen Expedition unter der Leitung von Andrew Crommelin vom Greenwich Observatory in Sobral, im Norden Brasiliens.

Tatsächlich war die gemessene Lichtablenkung am Rand der vom Mond bedeckten Sonne relativ zu nächtlichen Vergleichsaufnahmen einige Monate zuvor, als die Sonne ganz woanders stand, erstens in Einklang mit Einsteins Voraussage – und zweitens signifikant größer, als es Newtons Gravitationstheorie forderte. Das gaben die Astronomen am 6. November 1919 auf einer Sitzung der Royal Astronomical Society bekannt. „Dieses Resultat ist eine der größten Errungenschaften des menschlichen Denkens", kommentierte der Sitzungsvorsitzende Joseph John Thomson.

Als die Londoner *Times* am nächsten Tag unter dem Titel *Revolution in Science* ausführlich darüber berichtete, wurde Einstein quasi über Nacht zum Star. Und das auch jenseits des Atlantiks, als die *New York Times* am 10. November missverständlich verkündete: „Lichter am Himmel alle schief." In Deutschland dauerte es länger. Aber am

14. Dezember veröffentlichte die *Berliner Illustrierte Zeitung* ein großes Porträtfoto Einsteins auf der Titelseite, proklamierte „Eine neue Größe der Weltgeschichte" und stellte ihn mit Kopernikus, Kepler und Newton in eine Reihe. Einsteins Bekanntheit war bald so riesig, dass er die eingehende Post nicht mehr bewältigen konnte und noch ein Jahr später an Marcel Grossmann schrieb:

„Gegenwärtig debattiert jeder Kutscher und jeder Kellner, ob die Relativitätstheorie richtig sei."

Zwar waren Eddingtons Messfehler noch groß, doch nach und nach wurden die Daten immer besser. Mit exakten Positionsbestimmungen von fernen Radiogalaxien an ganz unterschiedlichen Orten am Himmel wurde die Lichtablenkung inzwischen mit einer Präzision von 0,1 Prozent ermittelt. Weltweit zusammengeschaltete Radioteleskope können selbst den nur 0,004 Bogensekunden betragenden Ablenkwinkel 90 Grad von der Sonne entfernt messen und haben anhand von über 500 Radioquellen die Allgemeine Relativitätstheorie auf 0,002 Prozent genau bestätigt. Auch Astrometrie-Satelliten, die Sternorte exakt bestimmen, sind nützlich: 1997 ergab die Auswertung der Daten des europäischen Satelliten Hipparcos eine Passung mit nur 0,3 Prozent Ungenauigkeit. Der 2013 gestartete Nachfolger Gaia wird dies bald noch um das Hundertfache verbessern.

Wie der Radioastronom Irwin Shapiro 1964 erkannte, gibt es einen zur Lichtablenkung analogen Effekt, wenn elektromagnetische Strahlung zwischen der Erde und einem Ziel hinter der Sonne knapp am Sonnenrand vorbei ausgetauscht wird. Beispiele sind Radarechos von Merkur oder Venus sowie der Funkverkehr zwischen Erde und fernen Raumsonden. Weil diese Radiowellen ebenfalls der Krümmung des Sonnengravitationsfelds folgen, sind sie etwas län-

Funksignale können die Gravitationsmulde der Sonne ausloten, wenn sie knapp am Sonnenrand vorbeiziehen. Sie sind dann etwas länger unterwegs als in der nicht gekrümmten Raumzeit.

ger unterwegs als in der flachen Raumzeit. Die besten Messungen dieser Shapiro-Zeitverzögerung stammen von der Cassini-Sonde 2002 und 2003. Damals war sie auf dem Weg zum Saturn und hielt mit der Erde Funkkontakt; im Minimum passierten die Signale den Sonnenrand in nur 1,6 Sonnenradien Abstand. Die Daten bestätigten die Relativitätstheorie auf 0,01 Prozent genau.

Licht kann durch die Krümmung der Raumzeit nicht nur auf die schiefe Bahn geraten, sondern sogar regelrecht aufgespalten und im Extremfall um 180 Grad zurückgebogen werden (in der Umgebung Schwarzer Löcher). Ein solcher Gravitationslinseneffekt erzeugt Geisterbilder am Himmel. Denn eine Galaxie im Vordergrund beeinflusst die Bahn des Lichts einer fernen Urgalaxie dahinter so, dass

Experimente für Einstein

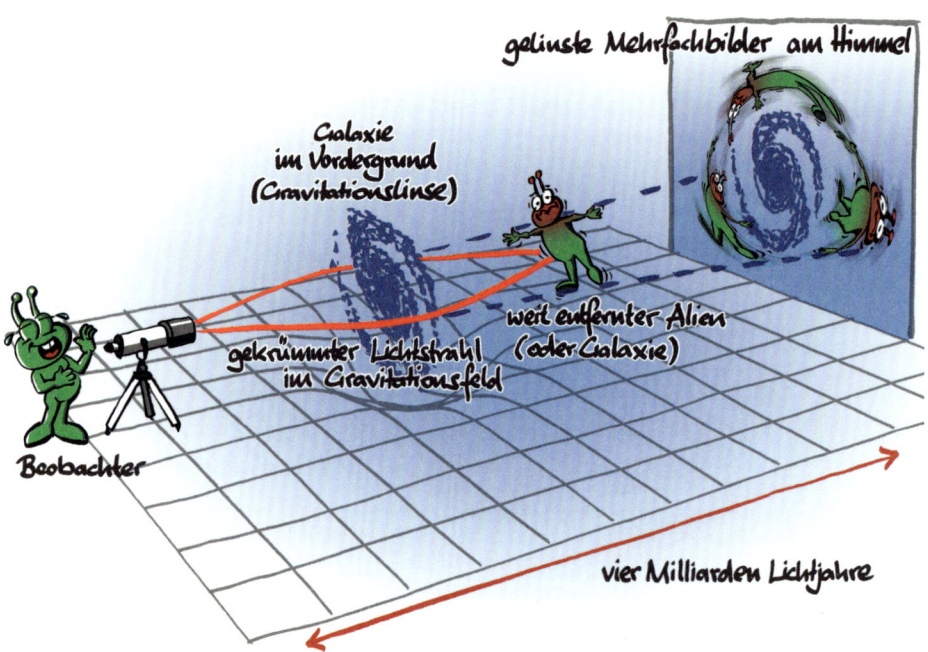

Massereiche Objekte wie Schwarze Löcher, Galaxien oder ganze Galaxienhaufen wirken als Gravitationslinsen: Sie können das Licht von Sternen oder Galaxien im Hintergrund regelrecht aufspalten, sodass von diesen Mehrfachbilder oder sogar Ringe im Teleskop zu sehen sind.

diese nicht nur oft heller erscheint, sondern mitunter auch doppelt, vierfach oder bogenförmig verzerrt.

Eddington hat den Gravitationslinseneffekt 1920 in der Fachliteratur erstmals beschrieben. Doch Einstein hatte ihn schon 1912 erkannt, noch bevor er die Allgemeine Relativitätstheorie vollständig formulieren konnte. 1936 veröffentlichte er dann einen Artikel über die prinzipiell mögliche Existenz von Ringen, bei denen Vorder- und Hintergrundobjekt vom Beobachter aus betrachtet exakt hintereinander stehen; Einstein glaubte allerdings nicht, dass sich die Geisterbilder jemals beobachten ließen.

Seit 1979 wurden aber Hunderte solcher Geisterbilder fotografiert. Astronomen können damit inzwischen kosmische Distanzen bestimmen. 2014 wurden sogar gravitationsgelinste Bilder eines einzelnen Sterns erhascht – einer rund 9,3 Milliarden Lichtjahre fernen Supernova! Auch sogenannte Einstein-Ringe sind inzwischen bekannt, bei denen das aufgefächerte Licht der Hintergrundgalaxie nach Art einer kosmischen Fata Morgana die Vordergrundgalaxie umgibt, die wie eine Streulinse wirkt.

Mittlerweile finden die galaktischen Linseneffekte nicht nur eine Anwendung auf Grundlage der Allgemeinen Relativitätstheorie, sondern helfen umgekehrt auch, diese neu zu überprüfen. So lässt sich aus einer Analyse der Geschwindigkeitsverteilung von Sternen in einer Galaxie deren Gravitationspotenzial berechnen. Vergleicht man das Resultat mit dem Ergebnis der Massenbestimmung aus dem Gravitationslinsenmodell dieser Galaxie, hat man einen Test, denn die Daten dürfen sich nicht widersprechen. Diese Methode wurde erstmals 2006 in einer Studie mit 15 Elliptischen Galaxien angewandt: Die Daten stimmten mit den Voraussagen der Theorie überein. Die Unsicherheit betrug zwar rund zehn Prozent – ähnlich wie bei Eddingtons Messungen der Sonnenfinsternis von 1919. Aber Einsteins Hypothese von der Lichtablenkung hatte damit ihre erste Überprüfung auf einer galaktischen Größenskala bestanden.

Freier Fall, Laser zum Mond und umgerührter Honig

Viele weitere Tests haben die Voraussagen der Allgemeinen Relativitätstheorie mit beeindruckenden Präzisionen bestätigt. Das gilt besonders für Einsteins „glücklichsten Gedanken", die Äquivalenz von schwerer und träger Masse. Dieses Prinzip hat sich allerdings nicht nur als Wegzeiger zur Allgemeinen Relativitätstheorie erwiesen, sondern auch als unerwartet kompliziert. Inzwischen werden nämlich drei Varianten unterschieden.

Das Schwache Äquivalenzprinzip bezeichnet die Universalität des freien Falls: Körper fallen in einem Gravitationsfeld gleich schnell und unabhängig von ihrer Masse, der Art ihrer Zusammensetzung und inneren Struktur, wenn elektromagnetische Einflüsse und Gezeiteneffekte vernachlässigt werden können. Der Physiker Loránd Eötvös konnte dies bereits seit 1890 auf besser als 1 zu 100 Millionen bestätigen – was Einstein aber erst 1912 erfuhr, fünf Jahre nach seiner Formulierung des Äquivalenzprinzips. Das wurde seither durch viele weiteren Experimenten mit immer größerer Genauigkeit überprüft. So haben es Messungen des Abstands von Erde und Mond auf bis zu 1 zu 1 Billion bestätigt. Bei diesem Lunar Laser Ranging werden Laserstrahlen von der Erde auf Reflektoren geschossen, die Astronauten der Apollo-Missionen 11, 14 und 15 auf dem Erdtrabanten positioniert haben (sowie auf zwei Spiegel der automatisch gelandeten Lunochod-Fahrzeuge), und von dort zurückgespiegelt. Dabei lässt sich die Mondentfernung inzwischen auf einen Millimeter genau messen (jährlich vergrößert sich der mittlere Abstand um etwa 3,8 Zentimeter aufgrund der Gezeiten-Wechselwirkung). Ohne die Relativitätstheorie wären die Daten nicht erklärbar. Noch genauer sind die irdischen Fallexperimente der „Eöt-Wash"-Gruppe um Eric Adelberger an der University of Washington in Seattle, deren Name den Pionier Eötvös ehrt. Das Satelliten-Experiment MICROSCOPE hat dies 2017 erneut ums Zehnfache verbessert: Die Ergebnisse bestätigen bis auf die vierzehnte Kommastelle (10^{-14}, also zehn Billiardstel) genau, dass die Universalität des freien Falls gilt – und die weitere Datenauswertung wird dies nochmals um das Zehnfache präzisieren.

Mit Laserstrahlen zum Mond und zurück lässt sich nicht nur die Distanz zu ihm millimetergenau bestimmen, sondern auch Einsteins Äquivalenzprinzip sehr präzise überprüfen.

Ob das Prinzip wirklich vollkommen exakt gilt, ist aber eine offene Frage, denn Erweiterungsversuche der Relativitätstheorie sagen winzige Abweichungen voraus.

Das Einstein-Äquivalenzprinzip besagt zusätzlich zum Schwachen Prinzip noch, dass die Messungen weder von der Geschwindigkeit des Bezugssystems abhängen (Lokale Lorentz-Invarianz) noch von dessen Ort und Zeit (Lokale Positions-Invarianz). Somit darf die Vakuum-Lichtgeschwindigkeit nicht in Raum, Richtung, Zeit und Quelle variieren, was auch die Spezielle Relativitätstheorie fordert. Tatsächlich haben diffizile Messungen keinerlei Abweichungen bis zu einer Genauigkeit von einem Trilliardstel (1 zu 10^{21}) gefunden.

Das Starke Äquivalenzprinzip berücksichtigt außerdem den inneren gravitativen Zusammenhalt eines Körpers (neben den Kern- und elektromagnetischen Kräften). Das lässt sich mit zwei massereichen Objekten testen, wie Kenneth Nordtvedt von der Montana State University 1968 erkannt hat. Dabei wird das Verhältnis von schwerer und träger Masse beider Körper verglichen. Würden beispielsweise Erde und Mond leicht unterschiedlich schnell um die Sonne kreisen, wäre die Relativitätstheorie widerlegt. Doch bislang hat sie mit einer Messunsicherheit von 0,04 Prozent auch diesen Test bravourös bestanden.

Und es gibt noch weitere Erfolge. So zeigten Überprüfungen der Konstanz von Newtons Gravitationskonstante mithilfe von Raumsonden zum Mars, dass sie sich seit dem Urknall vor 13,8 Milliarden Jahren um höchstens ein Prozent geändert haben kann. Dies schränkt den Spielraum alternativer Schwerkrafttheorien mit einer variierenden Gravitationskonstante beträchtlich ein.

Besonders diffizil ist ein Effekt, den Josef Lense und Hans Thirring von der Universität Wien bereits 1918 beschrieben haben: Rotierende Massen ziehen die Raumzeit ringsum im Schlepptau geringfügig mit – ähnlich wie ein Löffel, der zähen Honig umrührt. Das bewirkt eine winzige Ablenkung von frei schwingenden Pendeln oder sich drehenden Kugeln, die beispielsweise um die Erde kreisen. Um diesen Effekt nachzuweisen, wurde unter der Leitung von Francis Everitt, Stanford University, 2004 der Satellit Gravity Probe B gestartet (nach ersten Entwicklungsarbeiten bereits 1963!). Tatsächlich gelang 2011 die Messung der vorausgesagten Winkelablenkung von nur 0,04 Bogensekunden – allerdings nicht mit einer Präzision von einem Prozent, wie geplant, sondern nur mit 20. Außerdem wurde die viel stärkere Ablenkung von 6,6 Bogensekunden durch die Raumzeitkrümmung des irdischen Gravitationsfelds auf besser als 0,5 Prozent genau registriert. Unabhängig davon glückte es auch Ignazio Ciufolini, Universität Rom, den Lense-Thirring-Effekt zu messen: mit Laserstrahlen, die zu den beiden 1976 und 1992 gestarteten LAGEOS-Satelliten (Laser Geodynamics Satellite) geschossen und reflektiert wurden. Mit

LARES (Laser Relativity Satellite), 2012 in den Weltraum geschossen, soll in den 2020er-Jahren die 20-fache Präzision erreicht werden. Der rund 36 Zentimeter große und fast 400 Kilogramm schwere Körper aus einer Wolfram-Legierung und 92 Spiegeln ist übrigens das dichteste Objekt im Sonnensystem.

Vom All in den Alltag

„Die Uhr läuft langsamer, wenn sie in der Nähe ponderabler Massen aufgestellt ist. Es folgt daraus, dass die Spektrallinien von der Oberfläche großer Sterne zu uns gelangenden Lichts nach dem roten Spektralende verschoben erscheinen müssen."

Im Bann der Schwerkraft vergrößern sich die Wellenlängen von Strahlungsquellen, Uhren gehen langsamer. Messungen der Gravitationsrotverschiebung hatte Einstein schon 1911 angeregt – und gehofft, dass dieser Effekt sich rasch im Sonnenspektrum würde nachweisen lassen. Doch das dauerte aufgrund der störenden Turbulenzen auf der Sonne bis 1962. Es gelang selbst in den 1990er-Jahren nicht genauer als auf zwei Prozent.

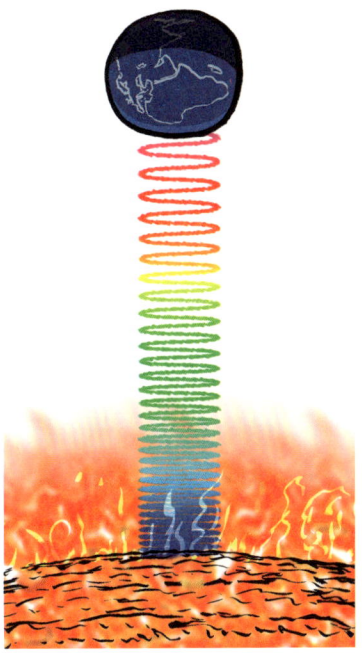

Licht kann förmlich erröten, denn die Wellenlänge der Strahlung vergrößert sich im Schwerkraftfeld – etwa der Sonne – geringfügig (Gravitationsrotverschiebung).

Experimente für Einstein

Auf der Erde hingegen ist die Verlangsamung der Zeit im Schwerefeld – die der Gravitationsrotverschiebung entspricht – einfacher messbar. Das gelang erstmals 1959 Robert Pound und seinem Studenten Glen A. Rebka an der Harvard University. Der Höhenunterschied betrug nur 22,5 Meter, die Messungenauigkeit zunächst zehn Prozent, in einem späteren Versuch von Pound und Joseph L. Snider 1964 dann weniger als ein Prozent

Berühmt wurden Experimente bei großen Höhenunterschieden: 1971 flogen Joseph C. Hafele von der Washington University in St. Louis und Richard Keating vom US Naval Observatory mit zwei Cäsium-Atomuhren in entgegengesetzten Richtungen um die Erde und verglichen anschließend ihre Zeitmessung mit der einer baugleichen, zuvor synchronisierten Uhr in Washington. Die Uhren in den Flugzeugen waren um einige Milliardstel Sekunden schneller gelaufen als ihr Pendant im Labor – im Einklang mit der Voraussage (fünf bis zehn Prozent Ungenauigkeit). 1976 verbesserte der Satellit Gravity Probe A, der mit einer Atomuhr in eine bis zu 10.000 Kilometer hohe, stark elliptische Erdumlaufbahn geschossen wurde, die Präzision beträchtlich (0,007 Prozent Ungenauigkeit).

Inzwischen sind derartige Messungen keine Grundlagenphysik mehr, sondern buchstäblich All-Tag: durch die Satellitennavigation. Diese wäre ohne die Berücksichtigung der Speziellen und Allgemeinen Relativitätstheorie unbrauchbar. Pro Tag würde die Ortung um 2,2 beziehungsweise rund zehn Kilometer abweichen, wenn die beiden Zeitverzögerungen durch Geschwindigkeit und Gravitation unberücksichtigt blieben. Bereits nach drei Tagen wüsste ein Navi nicht mehr, ob es in Mönchengladbach oder Wuppertal steht. Ohne Einstein könnte man mit der Satellitennavigation auf der Erde allenfalls noch eine größere Stadt finden, aber kein einzelnes Haus mehr und auch keine Katze, die sich irgendwo in der Wohnung versteckt (falls sie ein Halsband mit GPS-Sender trägt).

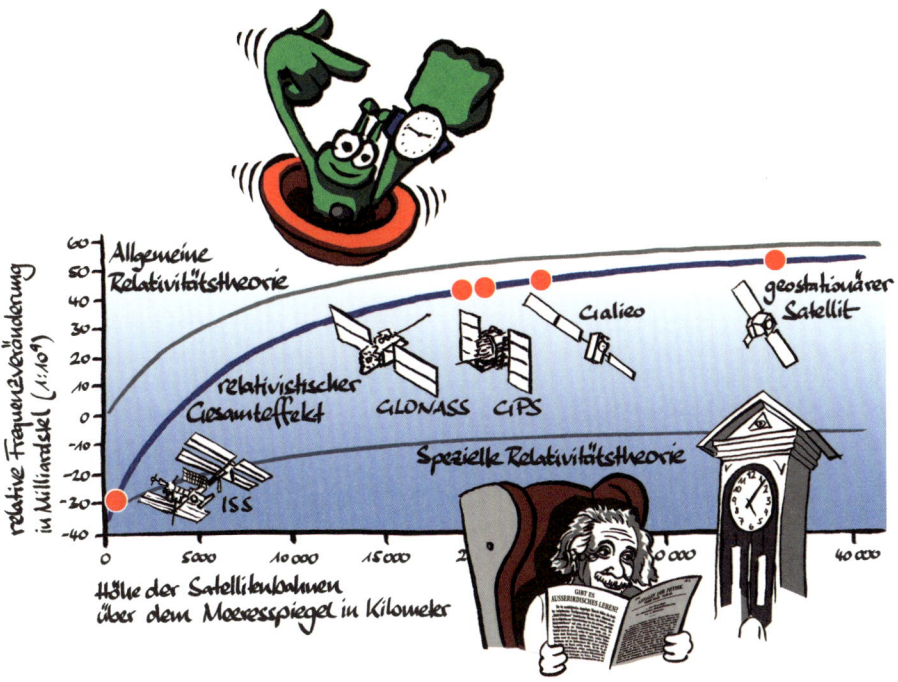

Uhren in einem Gravitationsfeld und bei schneller Bewegung gehen langsamer. Diese beiden Effekte lassen sich anhand der relativen Frequenzänderungen hochpräziser Atomuhren messen und spielen auch bei der Satellitennavigation eine entscheidende Rolle. Sie müssen deswegen ständig berücksichtigt werden, damit die Systeme GPS (Global Positioning System) aus den USA, GLONASS aus Russland und Galileo aus Europa zuverlässig funktionieren. Bei einer Höhe von 3170 Kilometern über dem Meer (9550 Kilometer vom Erdmittelpunkt entfernt) kompensieren sich die gegenläufigen Auswirkungen der Schwerkraft und der Geschwindigkeit im Orbit gerade. Daher ist die Frequenzveränderung Null in der Grafik so definiert, dass sich hier die Effekte der Speziellen und Allgemeinen Relativitätstheorie auf den Zeitablauf exakt ausgleichen. Die Uhren auf der Internationalen Raumstation gehen gegenüber der Erde etwas nach, die Uhren der Satelliten dagegen vor. Bei den knapp 14.000 Kilometer pro Sekunde schnellen und 20.000 Kilometer hohen GPS-Satelliten sind das täglich 46 Millionstel Sekunden.

Experimente für Einstein

Auch auf der Erde wird die gravitative Zeitdilatation seit 1960 immer genauer gemessen. Pro Höhenmeter beträgt der Unterschied nur 10^{-16} Sekunden – im Verlauf eines Jahres geht eine Uhr auf einem Tisch also drei Milliardstel Sekunden schneller als eine anfangs exakt mit ihr synchronisierte auf dem Boden – das entspricht gerade einmal 44 Sekunden summiert über das Alter des Universums (13,8 Milliarden Jahre). Optische Atomuhren haben mittlerweile eine Ganggenauigkeit in der Größenordnung von 10^{-18} erreicht und lassen sich über Glasfasern auch verbinden. Somit können inzwischen Höhenunterschiede zentimetergenau bestimmt werden – und das über Hunderte von Kilometern hinweg. Das wird die Erdvermessung in eine Präzisionsära führen (und hat die Allgemeine Relativitätstheorie 2010 auf 0,0000007 Prozent bestätigt). Die tektonische Plattenverschiebung lässt sich schon jetzt auf einen Zentimeter pro Jahr orten; und die Höhendefinition ist noch immer international nicht einheitlich (das Normalnull Deutschlands liegt beispielsweise 27 Zentimeter über dem der Schweiz, was schon einmal beim Bau einer Grenzbrücke für Chaos gesorgt hatte). Außerdem wird sich in den nächsten Jahren ein neuer Zeitstandard etablieren (Definition der Sekunde), der an der Relativitätstheorie nicht vorbeikommt. Auch eine viel genauere Gravitationskarte der Erde wird möglich sein und dabei helfen, Bodenschätze und Wasservorkommen zu lokalisieren. Und mit GPS lässt sich bereits messen, dass die Erdachse in einem Zeitraum von zwölf Jahren um 15 Meter schwankt, was Rückschlüsse auf ihre innere Massenverteilung zulässt.

Messungen relativ genau

Die grandiosen Überprüfungen der Allgemeinen Relativitätstheorie haben zugleich auch die Spezielle getestet und bestätigt, weil sie ja ein Spezialfall der Allgemeinen für sehr schwache Gravitationsfelder ist. Aber Physiker haben die Spezielle Relativitätstheorie auch gesondert unter die Lupe genommen – und bislang keinerlei Abweichungen zu den Voraussagen gefunden.

Dass Zeitdilatation und Längenkontraktion keine Illusionen sind, sondern messbare Effekte, zeigen beispielsweise Myonen. Sie entstehen etwa durch Reaktionen der Kosmischen Strahlung – vorwiegend energiereicher Protonen – mit Atomkernen in der Erdatmosphäre. Diese Myonen, die schweren Geschwister der Elektronen, lassen sich mit speziellen Detektoren auf der Erde nachweisen. Das wäre ohne die Effekte der Relativitätstheorie nicht möglich. Denn Myonen sind instabil und zerfallen mit einer Halbwertszeit von nur 1,5 Millionstel Sekunden. Da sie sich in 30 Kilometer Höhe bilden, können sie – obwohl fast lichtschnell unterwegs – in 1,5 Millionstel Sekunden bloß 450 Meter zurücklegen. Nach 30 Kilometern sollten demnach fast alle zerfallen sein. Doch für irdische Beobachter ist dies nicht so, denn durch die Zeitdilatation wird die Lebensdauer der Myonen stark verlängert. Oder komplementär ausgedrückt: Aufgrund ihrer enormen Geschwindigkeit ist der Weg für die Myonen stark verkürzt – aus der Perspektive ihres eigenen Bezugsystems legen sie nicht 30 Kilometer bis zur Erdoberfläche zurück, sondern nur wenige 100 Meter.

Erstmals gemessen wurde die Zeitdilatation bei hohen Geschwindigkeiten 1976 am Europäischen Forschungszentrum CERN bei Genf. Die Physiker erzeugten dort Myonen, die mit 99,94 Prozent der Lichtgeschwindigkeit durch einen Speicherring rasten. Ihre Halbwertszeit betrug 44,6 Millionstel Sekunden – also das 30-Fache des Ruhewerts. Das Ergebnis steht im Einklang mit der Vorhersage der Speziellen Relativitätstheorie (Messunsicherheit: 0,2 Prozent).

Eine erste, noch ungenaue Bestätigung von $E = mc^2$ gelang John Cockcroft und Ernest Walton am Cavendish Laboratory in Cambridge. Sie schossen 1932 mit dem ersten Teilchenbeschleuniger weltweit Protonen auf Lithium-Atome und erzeugten dabei je zwei Alpha-Teilchen (Helium-4-Kerne). Die Bilanz ging nur auf, wenn neben den Ausgangs- und Endprodukt-Massen auch die freigesetzte Bewegungsenergie (17 Megaelektronenvolt) mit eingerechnet wurde. 1934 beobachteten Irène und Frédéric Joliot-Curie in Paris, dass aus energiereicher Strahlung Teilchen entstehen konnten, was Enrico Fermi im selben Jahr vorausgesagt hatte. Energie und Masse können sich also ineinander umwandeln beziehungsweise sind gar nicht wesensverschieden. Den bislang genauesten Nachweis von $E = mc^2$ mit einer Unsicherheit von nur 0,00004 Prozent veröffentlichte 2005 ein Forscherteam um Simon Rainville vom Massachusetts Institute of Technology. Beim Beschuss bestimmter Silizium- und Schwefel-Atome mit Neutronen kam es zu einem Neutroneneinfang, sodass sich die Atome umwandelten und Gammastrahlung mit einer exakt messbaren Energie aussandten.

Die relativistische Massenzunahme ist auch kein bloßes Gedankenspiel. Sie gehört sogar längst zum Alltagsgeschäft der Teilchenphysiker. Wenn im Large Hadron Collider des CERN beispielsweise Protonen auf 99,999999 Prozent der Lichtgeschwindigkeit beschleunigt werden, dann sind sie 7000-mal schwerer als in Ruhe. Auch bei alten Röhrenfernsehern spielt die relativistische Masse eine Rolle: In den Kathodenstrahlröhren werden Elektronen in einem Spannungsfeld von 20.000 Volt auf rund ein Drittel der Lichtgeschwindigkeit beschleunigt. Dabei wächst ihre Masse um sechs Prozent. Hätte man diesen Effekt der Speziellen Relativitätstheorie bei der Konstruktion der Röhren nicht berücksichtigt, dann würden die Elektronen beim Aufprall auf den Leuchtschirm, wo sie die einzelnen Punkte des Fernsehbilds erzeugen, um bis zu einen Millimeter von ihrem Zielort abweichen – die Bilder wären unscharf.

Schwarze Löcher und Gravitationswellen

Auch einem Genie wie Albert Einstein glückte nicht alles beim ersten Anlauf. So hatte er die Existenz von Schwingungen der Raumzeit zuerst bezweifelt, dann sagte er sie voraus, später revidierte er das und schließlich argumentierte er doch wieder dafür.

In einem Brief vom 19. Februar 1916 an den Astrophysiker Karl Schwarzschild meinte Einstein noch, dass es in der Allgemeinen Relativitätstheorie „keine Gravitationswellen, welche Lichtwellen analog wären", geben könne. Wie Einstein war Schwarzschild damals an der Königlich Preußischen Akademie der Wissenschaften in Berlin angestellt, hielt sich aber als Artillerie-Leutnant an der Ostfront in Russland auf. Dort fand er die ersten exakten Lösungen von Einsteins Feldgleichungen. Aus diesen folgt der später ihm zu Ehren benannte Schwarzschild-Radius: die Größe der einfachsten Art eines Schwarzen Lochs – eines so dichten Körpers, dass aufgrund seiner Schwerkraft selbst Licht nicht mehr von ihm entweichen kann. (Das hatte damals freilich noch niemand verstanden, auch der Begriff wurde erst in den 1960er-Jahren geprägt; Einstein selbst bezweifelte sogar noch 1939 vehement, dass es solche Schlünde der Raumzeit im All geben kann.)

Am 22. Juni 1916 vollendete Einstein einen Artikel mit dem Titel *Näherungsweise Integration der Feldgleichungen der Gravitation*. Er untersuchte mit einer neuen Näherungsrechnung „die Gravitationswellen und deren Entstehungsweise" und argumentierte nun, dass beschleunigte Massen doch Gravitationswellen aussenden ähnlich wie beschleunigte elektrische Ladungen elektromagnetische Wellen (zum Beispiels Radiostrahlung). Er leitete daraus ab, dass „sich die Gravitationsfelder mit Lichtgeschwindigkeit ausbreiten". Am 31. Januar 1918 reichte Einstein einen weiteren Artikel mit dem schlichten Titel *Über Gravitationswellen* für die *Sitzungsberichte* seiner Akademie ein. Da seine frühere Darstellung „nicht genügend durchsichtig und außerdem durch einen bedauerlichen Rechenfehler verunstaltet" sei, müsse er „nochmals auf die Angelegenheit zurückkommen", meinte er zerknirscht. In der neuen Arbeit formulierte er auch die Quadrupol-Formel für die Energie der Gravitationswellen, die noch heute verwendet wird.

Doch 1936 machte Einstein erneut eine Kehrtwende, nachdem er in die USA emigriert war und am Institute for Advanced Study in Princeton weiterforschte. Mit seinem Assistenten Nathan Rosen glaubte er nachweisen zu können, dass Gravitationswellen doch nicht möglich sind, sondern lediglich Artefakte einer missverständlichen Koordinaten-Wahl darstellen. Aber Ende 1936 bemerkte er, dass ihm ein Denkfehler unterlaufen war; er konnte einen erst negativen Artikel gerade noch ändern und mit der umgekehrten Schlussfolgerung veröffentlichen. Erst nachdem Einstein gestorben war, gelang Physikern nach vielen weiteren Diskussionen der Nachweis, dass Gravitationswellen Energie übertragen – und somit so real sind, dass man damit im Prinzip Wasser erwärmen könnte.

Einsteins Uhren: rotierende Ruinen

Einsteins Universum ist ein magischer Ort. Nahezu perfekte Kugeln schwirren darin umeinander wie die Bälle eines Jongleurs. Allerdings sind sie über ein Dutzend Kilometer groß, und ein Kaffeelöffel von ihrer superdichten Materie würde über zehn Milliarden Tonnen wiegen – mehr als der Mount Everest. Diese Kugeln sind die erstmals 1967 entdeckten Neutronensterne – die Kerne ausgebrannter Riesensonnen, deren äußere Schichten als Supernova in den Weltraum hinausgeschleudert wurden.

Zwei umeinander kreisende Neutronensterne sind ein ideales natürliches Labor für Überprüfungen der Allgemeinen Relativitätstheorie. Denn die kompakten, ausgebrannten Sternleichen, die Radiowellen entlang ihrer Magnetfeldachse abstrahlen, rotieren äußerst rasch und stabil.

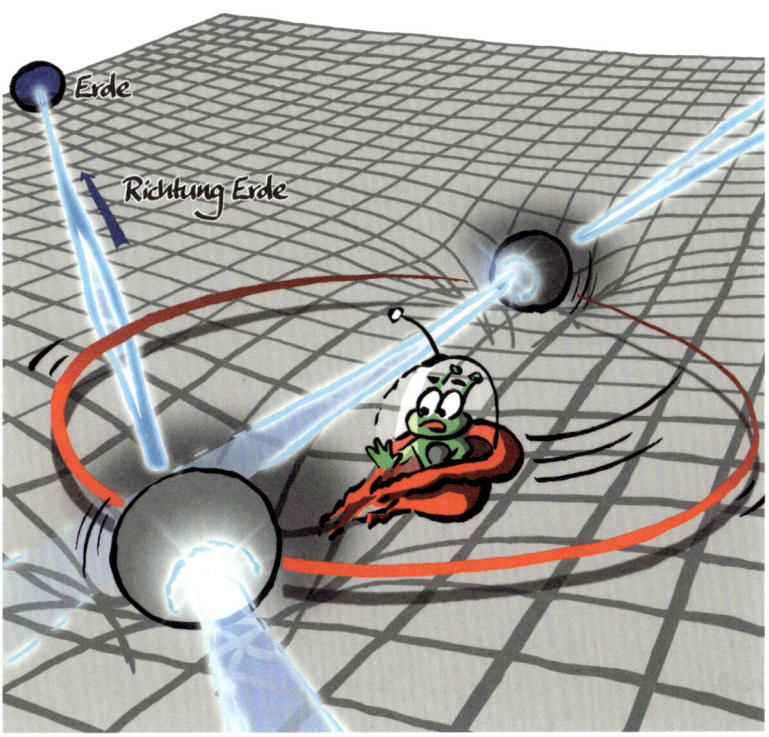

Da die Mehrzahl der Sterne im All Doppelsysteme bildet, bleiben solche Sternruinen zuweilen als Paar übrig. Rund zwei Dutzend solcher Duos haben Astronomen bereits entdeckt. Solche exotischen Objekte erlauben es, die Allgemeine Relativitätstheorie hochpräzise zu testen – und zwar für starke Schwerefelder und auf eine Weise, wie es im Sonnensystem niemals möglich wäre. Inzwischen gehören die Messungen bei zwei dieser Neutronenstern-Paare zu den besten Bestätigungen von Einsteins Meisterwerk. Diese ultrakompakten Doppelsterne lieferten auch den ersten indirekten Nachweis der Existenz von Gravitationswellen.

Das zuerst entdeckte System aus zwei Neutronensternen befindet sich ungefähr 21.000 Lichtjahre entfernt im Sternbild Adler. Es heißt PSR 1913+16, benannt nach seinen Himmelskoordinaten. Aufgespürt wurde es 1974 von Russell Hulse und seinem Doktorvater Joseph Taylor mit dem Arecibo-Radioteleskop auf der Insel Puerto Rico. Dafür erhielten sie 1993 den Physik-Nobelpreis. Denn schon bald nach der Entdeckung wurde klar, dass sich mit PSR 1913+16 neue relativistische Effekte erforschen lassen. Die beiden je 1,4 Sonnenmassen schweren Neutronensterne umlaufen sich einmal alle 7,75 Stunden auf stark elliptischen Bahnen mit einem Maximalabstand von 1,95 Millionen Kilometer. Die äußerst exakten Messungen der Radiostrahlung von einer der beiden Sternruinen erlauben es, neben den klassischen Parametern wie Form und Periode der Umlaufbahnen auch acht verschiedene relativistische Größen zu bestimmen – und das über mittlerweile viele Jahrzehnte. Dies hat es erstmals ermöglicht, die Allgemeine Relativitätstheorie für starke Gravitationsfelder zu testen.

Außerdem wurde entdeckt, dass die Orbitalperiode von PSR 1913+16 um etwa 75 Millionstel Sekunden pro Jahr abnimmt. Die beiden Himmelskörper tanzen also immer schneller und enger umeinander. Ihr Abstand schrumpft um rund 3,5 Meter pro Erdjahr, sodass die Neutronensterne in etwa 302 Millionen Jahren miteinander kollidieren werden. Die Ursache für die Abnahme der Orbitalgeschwindigkeit ist, dass beschleunigte Massen Energie in Form von Gravitationswellen abstrahlen. Die Daten stimmen mit der Voraussage der Allgemeinen Relativitätstheorie auf 0,2 Prozent genau überein. PSR 1913+16 zeigte so erstmals, dass Einsteins Vorhersage der Gravitationswellen korrekt ist.

2003 wurde das Doppelsystem PSR J0737-3039 im Sternbild Achterdeck des Schiffs gefunden, rund 4.000 Lichtjahre entfernt. Diese Neutronensterne umrunden sich alle 147 Minuten in 900.000 Kilometer Abstand mit ungefähr einer Million Kilometer pro Stunde. Weil sie dabei Gravitationswellen erzeugen, nähern sie sich um 2,5 Meter pro Jahr und werden in etwa 85 Millionen Jahren verschmelzen. Bei ihnen konnte erstmals auch ein charakteristisches Schwanken der Rotationsachse gemessen werden (relativistische Präzession) sowie der Shapiro-Effekt. Alle Messungen zusammen stimmen auf 0,02 Prozent genau mit den Voraussagen der Allgemeinen Relativitätstheorie überein. Sie haben zudem bereits einige alternative Gravitationstheorien in Schwierigkeiten gebracht oder sogar widerlegt.

Die Schwingungen der Raumzeit

Ein Jahrhundert nach Einsteins Voraussage der Gravitationswellen wurden diese erstmals direkt gemessen – und zwar kurioserweise von Schwarzen Löchern, die 1916 auf der Grundlage der Allgemeinen Relativitätstheorie berechnet wurden, und mithilfe von Laserstrahlen, deren theoretische Grundlage Einstein ebenfalls 1916 gelegt hatte. Niemals zuvor haben sich der geniale Erfindergeist eines Theoretikers und die akribischen Raffinessen wissenschaftlicher Ingenieurskunst von vielen Hundert Experimentatoren eindrucksvoller verbunden.

Es sind die Messungen des Laser-Interferometrie Gravitationswellen-Observatoriums LIGO, die Einsteins kühne Ideen auf eine geradezu grandiose Weise bestätigt haben. Die beiden 3000 Kilometer voneinander entfernten Anlagen in Hanford im US-Bundesstaat Washington und in Livingston in den Wäldern von Louisiana bestehen aus zwei senkrecht zueinander gebauten, je vier Kilometer langen Laserstrecken. Sie arbeiten nach demselben Prinzip wie die Interferometer von Michelson und Morley, die die Konstanz der Lichtgeschwindigkeit nachgewiesen haben (siehe Seite 13). LIGO ist allerdings um viele Größenordnungen genauer: Das Überlagerungsmuster der Laserstrahlen kann Längendifferenzen von nur 10^{-21} Meter messen – das ist, als

Der Zusammenstoß Schwarzer Löcher lässt die Raumzeit Wellen schlagen – und kann so noch viele Hundert Millionen Lichtjahre entfernt gemessen werden.

würde man die Distanz zwischen Sonne und dem nächsten Stern auf ein Zehntel der sprichwörtlichen Haaresbreite exakt bestimmen.

Dies hat es ermöglicht, Gravitationswellen von fernen Schwarzen Löchern zu erhaschen, die sich erst rasend schnell spiralförmig umkreisen, dann brachial kollidierten und schließlich miteinander verschmolzen. Das hat einen neuen Zugang zum Weltall geöffnet: Das Universum, das sich bislang nur anschauen ließ, kann jetzt auch regelrecht angehört werden! Daher sind die Messungen nicht nur ein Triumph für die Physik, sondern auch astronomisch hochinteressant, weil sie Rückschlüsse auf die Beschaffenheit und Entwicklung des Universums erlauben. So ist es nicht verwunderlich, dass die LIGO-Pioniere Rainer Weiss, Kip Thorne und Barry Barish 2017 mit dem Physik-Nobelpreis geehrt wurden.

Das erste Signal stammt vom September 2015. Inzwischen ist das Belauschen der Raumzeit-Kräuselungen fast schon Routine: LIGO hat bereits mindestens fünfmal Gravitationswellen von Kollisionen Schwarzer Löcher mit Massen zwischen dem 5-Fachen und dem 40-Fachen der Sonne in einer Entfernung von knapp ein bis über drei Milliarden Lichtjahren erhascht – in einem Fall zusammen mit dem im August 2017 in Betrieb genommenen Virgo-Gravitationswellendetektor bei Pisa in Italien. Außerdem gelang dem Interferometer-Trio im selben Monat erstmals auch die Entdeckung der Gravitationswellen von der Karambolage zweier Neutronensterne. Dieser Crash konnte zusätzlich im elektromagnetischen Spektrum fotografiert werden, vom Gamma- bis zum Radiobereich, und ließ sich dadurch genau am Himmel orten: am Rand der Elliptischen Galaxie NGC 4993 im Sternbild Wasserschlange, 130 Millionen Lichtjahre entfernt. Diese Entdeckung gilt bereits als der Beginn einer neuen Ära der Astrophysik. Sie bestätigt auch erstmals die Vermutung, dass die schwersten Elemente wie Gold, Platin und Uran hauptsächlich bei solchen brachialen Ereignissen entstehen.

Bei dem Zusammenstoß Schwarzer Löcher wird gemäß Einsteins Formel $E = mc^2$ die Masse von zwei bis drei Sonnen innerhalb eines Sekundenbruchteils in pure Energie verwandelt – unsichtbar allerdings, weil diese vehemente Wucht in die Erschütterung des Raumzeit-Gefüges eingeht. Umgerechnet entspricht diese Energie der Strahlung aller Sterne im sichtbaren Universum zur selben Zeit! Auch dies ließe sich ohne Einsteins Relativitätstheorien nicht verstehen – und noch nicht einmal aufspüren.

Die Messungen der Gravitationswellen erlauben außerdem neue Tests. So breiten sich die Signale der Schwerkraft laut Einstein exakt mit der Geschwindigkeit des Lichts aus – und die Daten haben bereits Variationen von über 1 zu 10^{17} ausgeschlossen. Auch die Theorie der Schwarzen Löcher kann anhand der registrierten Wellenformen überprüft werden; hier gibt es bislang ebenfalls keinen Anlass zur Skepsis. Und wenn künftig vier oder fünf Detektoren arbeiten – in Japan und Indien wird zurzeit je einer gebaut – steht der Relativitätstheorie ein weiterer Härtetest bevor. Sie sagt nämlich ganz klar nur zwei Schwingungsmuster der Gravitationswellen voraus. Kompliziertere Gravitationstheorien – also Konkurrenten zu Einstein – erlauben hingegen bis zu vier zusätzliche Arten der Polarisation. Würde auch bloß eine davon klar gemessen, wäre die Allgemeine Relativitätstheorie widerlegt.

Einstein-Quiz

1. Was geschieht mit Licht, das nahe an der Sonne vorbei zieht?
- [ ] a. Es verschwindet hinter der Sonne
- [ ] b. Es biegt sich gleichsam um die Sonne herum
- [ ] c. Es wird bei einer Sonnenfinsternis gekrümmt

2. Wie wirken Gravitationslinsen?
- [ ] a. Lichtverschluckend (Schwarzes Loch)
- [ ] b. Lichtverstärkend und -aufspaltend
- [ ] c. Licht ins Rote verschiebend

3. Wo vergeht die Zeit am langsamsten?
- [ ] a. Beim Bücherlesen
- [ ] b. Im Deutschen Bundestag
- [ ] c. Bei Lichtgeschwindigkeit

4. Was sind Schwarze Löcher?
- [ ] a. Die Resultate der Finanzpolitik
- [ ] b. Ultradichte Materiekonzentrationen, die kein Licht abstrahlen
- [ ] c. Die ausgebrannten Kerne massearmer Sterne

5. Gravitationswellen sind ...
- [ ] a. ... periodische Stauchungen und Streckungen der Raumzeit
- [ ] b. ... immer etwas langsamer als das Licht im Vakuum
- [ ] c. ... die notwendige Folge schneller, gleichförmiger Bewegungen

Lösungen: 1b, 2b, 3c, 4b, 5a

Experimente für Einstein

Ein geschlossenes Universum könnte einer Kugel ähneln, je nach Materieverteilung beispielsweise aber auch einer höherdimensionalen Kartoffel.

MODELLE DES UNIVERSUMS

 „Vom Standpunkte der Astronomie ist es natürlich ein geräumiges Luftschloss, das ich da gebaut habe. Aber für mich war die Frage brennend, ob sich der Relativitäts-Gedanke fertig ausspinnen lässt, oder ob er auf Widersprüche führt."

Die beiden Männer waren krank, und ein globaler Krieg wütete in der Nachbarschaft. Doch in ihren Briefen begründeten sie eine neue Weltsicht. Sie war umwälzender als alle Granaten und politischen Umstürze – und wird von Wissenschaftlern noch immer ausgelotet. Albert Einstein in Berlin und der Astronom Willem de Sitter im holländischen Universitätsstädtchen Leiden diskutierten 1917 über die Beschaffenheit des Universums. Und zwar im Gegensatz zu den Jahrtausende währenden mythisch-religiösen, philosophischen und dann auch physikalischen Versuchen erstmals auf einer Grundlage, die bis heute trägt. Es ging dabei wahrhaft ums Ganze. Daraus hat sich die moderne Kosmologie entwickelt – das wissenschaftliche Verständnis des Weltalls. Mehr noch: Ohne, dass Einstein es damals schon wissen konnte, legte er die Basis zur Beschreibung der fernsten Vergangenheit und Zukunft. Das ist seiner Allgemeinen Relativitätstheorie zu verdanken, die er im Februar 1917 mit der Einführung der Kosmologischen Konstanten komplettiert hatte. Die Tragweite dieser Leistung lässt sich erst ein Jahrhundert später abschätzen.

Kosmische Trägheit

„Ich habe auch wieder etwas verbrochen in der Gravitationstheorie, was mich ein wenig in Gefahr setzt, in einem Tollhaus interniert zu werden."

Das schrieb Einstein am 4. Februar 1917 an seinen Freund und Kollegen Paul Ehrenfest im holländischen Leiden. Diese Idee, die er in einem bereits elf Tage später gedruckten Forschungsartikel ausführte, war nicht nur ein gedanklicher Schlüsselmoment im Jahrtausende währenden Versuch des Menschen, das Universum zu verstehen, sondern markiert auch den Beginn einer neuen Ära der Naturwissenschaft: Einsteins Artikel ist der Anfang der modernen relativistischen Kosmologie – also der Charakterisierung der Struktur und Dynamik des Weltganzen.

Die moderne Kosmologie wird heute vom sogenannten Standardmodell des Urknalls und der Vorstellung eines sich immer schneller ausdehnenden Weltraums geprägt. Das war damals noch nicht denkbar – obwohl Einstein im Prinzip schon auf diese Ideen hätte kommen können, wenn er seiner eigenen Physik mehr vertraut und zugetraut hätte.

Dennoch war sein zunächst äußerst spekulativer Ansatz ein Meilenstein. Er begründete das Verständnis des Universums auf der Basis der Allgemeinen Relativitätstheorie. Ohne sie ist eine realistische Beschreibung der Welt als Ganzes überhaupt nicht möglich.

„Man kann es scherzhaft so ausdrücken: Wenn ich die Dinge aus der Welt verschwinden lasse, so bleibt nach Newton der Galilei'sche Trägheitsraum, nach meiner Auffassung aber nichts übrig."

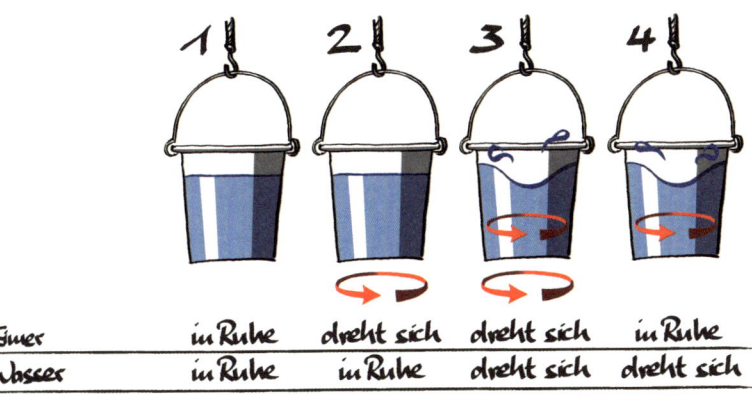

Isaac Newton zufolge existiert ein absoluter Raum unabhängig von den Dingen darin. Das begründete er mit dem Gedankenexperiment eines aufgehängten Wassereimers: So lange der Eimer unbeweglich hängt, ist der Wasserspiegel eben (1). Das ist zunächst auch der Fall, wenn man den Eimer in Rotation versetzt (2). Doch schon nach kurzer Zeit dellt sich die Wasseroberfläche ein, weil die Zentrifugalkraft das Wasser an den Rändern nach oben drückt (3). Diese konkave Form zeigt, dass das Wasser rotiert, obwohl es bezüglich des sich gleich schnell drehenden Eimers in Ruhe ist. Daher muss das Wasser relativ zu etwas anderem rotieren, folgerte Newton: dem absoluten Raum. Die paraboloide Eindellung bleibt noch kurz bestehen, wenn die Drehung des Eimers abrupt angehalten wird (4). Schließlich stoppt die Reibung die Rotation des Wassers wieder. Die Form der Wasseroberfläche kann also Newton zufolge nicht von der relativen Bewegung zum Eimer abhängen, sondern muss sich auf den absoluten Raum beziehen.

Das hatte Einstein am 9. Januar 1916 an den Astrophysiker Karl Schwarzschild geschrieben, der wie Einstein Mitglied der Preußischen Akademie der Wissenschaften in Berlin war. Mit dieser

Eimer und Wasser rotieren
Erde und Fixsternsphäre
in Ruhe

Eimer und Wasser in Ruhe
Erde und Fixsternsphäre
rotieren

Ernst Mach war davon überzeugt, dass der Raum nur relativ zu den Dingen existiert – ein leerer Raum wäre demnach eine unsinnige Vorstellung. Isaac Newtons Eimer-Gedankenexperiment versuchte Mach zu entkräften, indem er behauptete, das Wasser rotiere nicht im absoluten Raum, sondern nur relativ zu den Sternen, deren Rückwirkung auf das Wasser Newton außer Acht gelassen habe. Albert Einstein wurde von Machs Argumentation inspiriert. Er zog sie sowohl für die Ausarbeitung der Allgemeinen Relativitätstheorie heran als auch für sein erstes kosmologisches Modell. Später verwarf er den Gedanken allerdings wieder.

Aussage formulierte Einstein einen Kerngedanken seiner Relativitätstheorie: dass es keinen absoluten Raum gibt, wie Isaac Newton meinte und für die Klassische Mechanik benötigte, und dass der Raum ohne die Dinge und Ereignisse in ihm eine unsinnige Vorstellung sei. Damit stellte sich Einstein in die Tradition der Philosophen Gottfried Wilhelm Leibniz und Ernst Mach, die Newtons Auffassung ebenfalls hart angegriffen hatten.

Tatsächlich war Machs Kritik für Einstein ein wichtiger Ansatzpunkt bei der Entwicklung der Allgemeinen Relativitätstheorie. 1918 postulierte Einstein dann in einem Artikel in den *Annalen der*

Physik sogar das Mach'sche Prinzip, demzufolge der „Raumzustand restlos durch die Massen der Körper bestimmt" sei. Der Raum – genauer: das mit der Zeit unauflöslich verbundene Kontinuum der Raumzeit – wird im Rahmen der Allgemeinen Relativitätstheorie mit einer von Einstein eingeführten geometrischen Größe beschrieben: der Metrik. Einstein war der Meinung, dass dieses Feld Materie und Energie vollständig determinieren würde. (Das erwies sich in dieser Radikalität als Irrtum, und Einstein meinte 1954 in einem Brief sogar, von dem Mach'schen Prinzip solle man eigentlich überhaupt nicht mehr sprechen – doch dieser komplizierte Sachverhalt wird bis heute kontrovers diskutiert.)

Einsteins Ansatz führte aber zu Schwierigkeiten, wie er bereits 1916 erkannte. Zusätzlich zu den Gleichungen seiner Theorie sind nämlich Grenzbedingungen für das räumlich Unendliche nötig, falls die Welt unendlich ist. Wenn die Trägheit der Materie – die träge Masse, die laut Einsteins Äquivalenzprinzip mit der schweren Masse identisch ist – jedoch ausschließlich durch die Wechselwirkung mit der gesamten Materie ringsum entsteht, wie Mach gegen Newton argumentiert hatte, dann müsste sich das in den Grenzbedingungen niederschlagen. Falls die Milchstraße allein im All stünde oder zumindest sehr weit von anderen Massen entfernt, dann wäre die Trägheit durch das Mach'sche Prinzip also nicht erklärbar.

Reise um das Universum

„In der Gravitation suche ich nun nach den Grenzbedingungen im Unendlichen; es ist doch interessant, sich zu überlegen, inwiefern es eine *endliche* Welt gibt, das heißt eine Welt von natürlich gemessener endlicher Ausdehnung, in der wirklich alle Trägheit relativ ist."

So berichtete es Einstein seinem Schweizer Freund Michele Besso bereits in einem Brief vom 14. Mai 1916. Im darauffolgenden Herbst stellte er seine Überlegungen an der Universität Leiden vor. Sie stießen auf harte Kritik. Der Astronom Willem de Sitter von der Universitätssternwarte dort meinte, dass Einsteins Erklärung, wenn sie Massen außerhalb des beobachtbaren Universums nötig hätte, nicht befriedigender sei als die durch Newtons absoluten Raum. Außerdem besäßen Einsteins Gleichungen dann ein bevorzugtes Koordinatensystem. Das widerspräche dem Grundansatz der Relativitätstheorie, wonach die Naturgesetze unabhängig von Koordinatensystemen sind.

Je länger er darüber nachdenke, „desto unannehmlicher wird mir Ihre Hypothese", schrieb de Sitter am 1. November an Einstein. Es sei völlig obskur, „*wo* diese fernen Massen sich befinden, und wie sie beschaffen sind, zweitens darüber *wie* denn die Trägheit von dort zu hier herüber kommt". Durch die Grenzbedingungen hätte die Relativitätstheorie doch viel von ihrer klassischen Schönheit verloren.

Einstein akzeptierte diese Einwände und gab seinen Vorschlag auf. Doch er resignierte nicht und suchte nach einer Möglichkeit, wie die Trägheit ganz von den Massen in der Welt abhängen könnte – ohne die Annahme von Grenzbedingungen. Schließlich hatte er einen geradezu genialen Einfall.

Am 8. Februar 1917 traf sich wie jede Woche die physikalisch-mathematische Klasse der Königlich-Preußischen Akademie der Wissenschaften in Berlin. Laut dem noch in den Archiven einsehbaren Sitzungsprotokoll waren zehn der 29 Mitglieder anwesend, darunter die späteren Nobelpreisträger Max Planck und Walther Nernst. „Nach Verlesung mit Genehmigung des Protokolles der vorigen Sitzung sprach Hr. Einstein", war handschriftlich mit Tusche notiert worden. *Kosmologische Betrachtungen zur allgemeinen*

endliche Welt begrenzt   unendliche Welt unbegrenzt   endliche Welt unbegrenzt

Das Universum könnte endlich und begrenzt sein oder unendlich und unbegrenzt. Die dritte Möglichkeit einer endlichen und unbegrenzten Welt ist erst im Rahmen der nichteuklidischen Geometrie und Allgemeinen Relativitätstheorie ein physikalisch sinnvolles Konzept. In dieser in sich geschlossenen Welt wäre es möglich, dass Licht das Universum umkreist. Eine unendliche Welt hingegen wirft neben mathematischen Paradoxien die Frage auf, was sich jenseits ihres sichtbaren Bereichs befindet, und eine endliche begrenzte Welt lässt rätseln, wie die Grenze beschaffen ist: Könnte man nicht doch einen Stab ausstrecken oder Licht hinausschicken – oder ist da etwas, beispielsweise eine Wand?

Relativitätstheorie, so der Vortragstitel, hieß auch das Manuskript, das Einstein bei dieser Gelegenheit für eine Veröffentlichung in den renommierten *Sitzungsberichten* einreichte. In ihnen hatte er Ende 1915 schon seine *Feldgleichungen der Gravitation* publiziert, gewissermaßen die Essenz der Allgemeinen Relativitätstheorie. Der neue Artikel erschien am 15. Februar – er sei „etwas gewagt, aber ohne Zweifel der Überlegung wert", wie Einstein am selben Tag an den Physiker Walter Dällenbach schrieb.

Einstein postulierte „ein in sich geschlossenes" Universum mit „endlichem, räumlichem (dreidimensionalem) Volumen". Diese Hypothese war äußerst raffiniert. Nicht nur erfüllte sie scheinbar

In einem geschlossenen Universum könnte ein Lichtstrahl theoretisch das ganze All wie eine Kugelfläche umkreisen.

das Mach'sche Prinzip und machte Spekulationen über Grenzbedingungen und ferne Massen obsolet. Sie war auch eine neue Idee im alten Streit über die Unendlichkeit der Welt.

Einsteins Weltmodell war räumlich endlich, aber doch grenzenlos – es hatte keinen mysteriösen oder denkunmöglichen Rand. Vielmehr war es in sich abgeschlossen und zurücklaufend analog zu einer Kugelfläche. Tatsächlich würde man wieder an seinen Ausgangspunkt zurückkehren, wenn man mit einer Rakete immer geradeaus flöge. Im Prinzip könnte man sogar rund um die Welt blicken.

Das Kosmologische Prinzip

Für sein Modell machte Einstein eine extreme Vereinfachung: Wenn es „nur auf die Struktur im Großen ankommt, dürfen wir uns die Materie als über ungeheure Räume gleichmäßig ausgebreitet vorstellen". Er nahm also an, dass sich, gemittelt über riesige Distanzen, die Dichteunterschiede ausgleichen und die Materie auf diesen Skalen näherungsweise homogen verteilt ist. Er verglich das mit der Beschreibung der Erdgestalt als Kugel oder Ellipsoid, wenn man von allen Unebenheiten der Erdoberfläche absieht.

Einsteins Annahme wurde später als Kosmologisches Prinzip bezeichnet. Es hat sich über Entfernungen von einigen Hundert Millionen Lichtjahren hinweg glänzend bewährt. (Die Kosmische Hintergrundstrahlung, ein Relikt der kosmischen Urzeit, zeigt sogar bloß winzige Unterschiede in der Größenordnung 1 zu 100.000.)

Dass das Kosmologische Prinzip so gut passt, ist gleichsam ein Geschenk der Natur, weil es die Beschreibung des Alls extrem vereinfacht – Einsteins zehn gekoppelte Feldgleichungen der Allgemeinen Relativitätstheorie reduzieren sich infolge einer Symmetrie dann auf zwei. Doch das war damals noch unbekannt. Tatsächlich deuteten die astronomischen Messungen auf eine sehr ungleichförmige Materieverteilung hin. Viele Astronomen dachten sogar, dass die Milchstraße die einzige Galaxie weit und breit sei und sich in ihr die Nebelfleckchen befänden, die in den 1920er-Jahren dann als eigenständige „Weltinseln" erkannt wurden – als andere Galaxien.

Einsteins Idealisierung wurde zunächst von mehreren Kollegen nicht verstanden und sogar als Postulat einer zusätzlichen, gleichförmig im Raum verteilten Materie fehlinterpretiert. Willem de Sitter sprach ablehnend von „übernatürlichen Massen". Doch nichts dergleichen hatte Einstein im Sinn. Auch die höherdimensionale Kugelgeometrie des Weltraums begriff er nur als abstrakte Näherung. Worauf es Einstein ankam, war die räumliche Endlichkeit und Geschlossenheit bei gleichzeitiger Grenzenlosigkeit der Welt. Beinahe prophetisch erläuterte er de Sitter in einem Brief vom 22. Juni 1917 seine Auffassung:

„Meine Meinung ist nicht, dass die Welt durch die Kugel gut approximiert werden müsse. Es könnte in Wahrheit *das* Gebilde auch im Großen ziemlich unregelmäßig gekrümmt sein, das heißt sich zur sphärischen Welt verhalten wie eine Kartoffeloberfläche zu einer Kugeloberfläche. Man braucht nicht anzunehmen, dass die Materie in anderer Form als in der von Sternen existiere. Aber man braucht die Annahme, dass die Welt ungeheuer viel größer sei als die Milchstraße."

Modelle des Universums

Die Kosmologische Konstante

Mit dem Kosmologischen Prinzip war es jedoch nicht getan. Einstein benötigte eine weitere Annahme, die er im vierten Kapitel seines Aufsatzes unter dem Titel *Über ein den Feldgleichungen der Gravitation anzubringendes Zusatzglied* definierte. Er zeigte, dass sich die Gleichungen der Allgemeinen Relativitätstheorie um eine Größe erweitern lassen, ohne ihre wesentlichen Eigenschaften zu ändern – eine überhaupt nicht selbstverständliche Einsicht.

Einstein bezeichnete die „neu eingeführte universelle Konstante" mit dem kleinen griechischen Buchstaben Lambda (λ). Er nannte sie „kosmologisches Glied" oder schlicht Kosmologische Konstante, weil sie allenfalls auf gigantischen Größenskalen bedeutsam und bemerkbar ist.

Formal gesehen hat λ die Dimension einer Krümmung, das heißt die Einheit Länge hoch minus zwei. (Aktuelle kosmologische Messungen zeigen, dass der Betrag kleiner als 10^{-55} Zentimeter^{-2} sein muss.) λ kann einen positiven oder negativen Wert haben oder 0 sein. Darüber gibt die Theorie keine Auskunft. Es ist eine Frage der astronomischen Beobachtung. Alle Naturkonstanten sind ja erfahrungswissenschaftliche Größen, beruhen also auf Messungen.

Einstein betonte, dass λ geradezu eine Kennziffer des Kosmos sein muss. Von der Konstante müssten nämlich sowohl die mittlere Dichte der Materie als auch Durchmesser, Volumen und Gesamtmasse des sphärischen Raums abhängen.

Eine Abschätzung dieser Zahlen gab Einstein nicht. Das war ihm wohl zu gewagt. Darüber nachgedacht hatte er jedoch, wie Briefe belegen. Er schätzt die Dichte auf 10^{-22} Gramm pro Kubikzentimeter und den Weltradius auf etwa zehn Millionen Lichtjahre, das Tausendfache der damals gemessenen fernsten Sterne. (Das steht in einer frappierenden Diskrepanz zur gegenwärtigen Auf-

Das erste Weltmodell der Relativitätstheorie, Einsteins endliches, geschlossenes, sphärisch gekrümmtes, statisches Universum, lässt sich in seiner zeitlichen Entwicklung als Zylinder darstellen. Licht und Raumschiffe könnten dieses Universum im Prinzip „innerlich" umrunden und an ihren Ausgangspunkt zurückkehren. Dieses Weltmodell ist im Rahmen der Relativitätstheorie zwar möglich, aber nicht stabil – schon kleinste Störungen würden es kollabieren oder expandieren lassen (in der Darstellung also den projizierten Kreisumfang ändern). Aufgrund der angenommenen im Durchschnitt gleichförmigen Materieverteilung gibt es in diesem Universum eine universelle „kosmische Zeit".

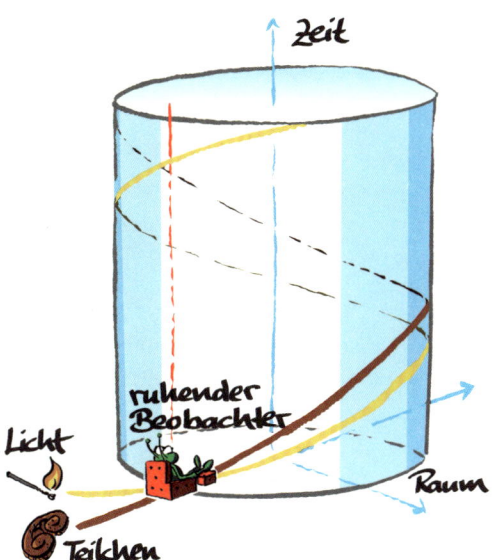

fassung, nach der allein die Milchstraße einen Durchmesser von 100.000 Lichtjahren besitzt und die fernsten, mit den modernen Riesenteleskopen gerade noch beobachtbaren Galaxien Distanzen von über zehn Milliarden Lichtjahren haben; auch die mittlere Materiedichte ist viel geringer als Einstein dachte: $4{,}7 \times 10^{-30}$ Gramm pro Kubikzentimeter.)

Konkurrenz für Einstein

Zunächst war Einstein im Hinblick auf die Realität seines Weltmodells noch sehr optimistisch. Er blieb sich aber der spekulativen Natur der Hypothese vollkommen bewusst und akzeptierte die Kritik von Kollegen und diskutierte ausführlich mit ihnen.

1975 wurde in den Archiven der Sternwarte Leiden ein umfangreicher Schriftwechsel zwischen Einstein und de Sitter entdeckt. Über zwei Dutzend Postkarten und Briefe sind erhalten. Die beiden Wissenschaftler diskutierten ab 1916 mit großem Scharfsinn über das Universum – teils sogar im Bett liegend, weil krank.

Vor allem Willem de Sitter erwies sich als hartnäckiger Kritiker. Und das, obwohl beide zuweilen das Bett nicht verlassen konnten: Denn Einstein litt erst unter Gelbsucht, dann an Gallensteinen und einem Magengeschwür, de Sitter an Tuberkulose. Und doch stellten sie mitten im tobenden Ersten Weltkrieg scharfsinnige Überlegungen und schwierige Berechnungen an. Damit haben sie die moderne Kosmologie begründet.

Aus dem rein hypothetischen Charakter seines Modells machte Einstein keinen Hehl. Im März 1917 schrieb er an de Sitter:

„Ich bin nun zufrieden, dass ich den Gedanken habe zu Ende denken können, ohne auf Widersprüche zu kommen. Jetzt plagt mich das Problem nicht mehr, während es mir vorher keine Ruhe ließ. Ob das Schema, das ich mir bildete, der Wirklichkeit entspricht, ist eine andere Frage, über die wir wohl nie Auskunft erlangen werden."

Dagegen hatte de Sitter nichts einzuwenden. „Ja, wenn Sie Ihre Auffassung nur der Wirklichkeit nicht aufzwingen wollen, dann sind wir einig. Als widerspruchslose Gedankenreihe habe ich nichts dagegen, und bewundere ich sie", antwortete er Einstein am 15. März.

Was nach einer friedlichen Lösung ihrer Kontroverse aussah, sollte jedoch nicht lange bestehen. Denn bereits fünf Tage später teilte de Sitter Einstein in einem weiteren Brief mit, dass man dessen Feldgleichungen mit Kosmologischer Konstante auch „ohne Materie" genügen könne. De Sitter hatte eine Lösung der Gleichungen gefunden, die ein leeres Universum beschrieb. Dies stand im direkten Widerspruch zum Mach'schen Prinzip und Einsteins Auffassung, es könne keinen Raum ohne materiell-energetischen Inhalt geben.

Eine monatelange Diskussion entbrannte, ob de Sitters Weltmodell widerspruchsfrei und sinnvoll sein könne. Einstein kritisierte nun umgekehrt die Idee seines Kollegen und diagnostizierte mehrere Probleme.

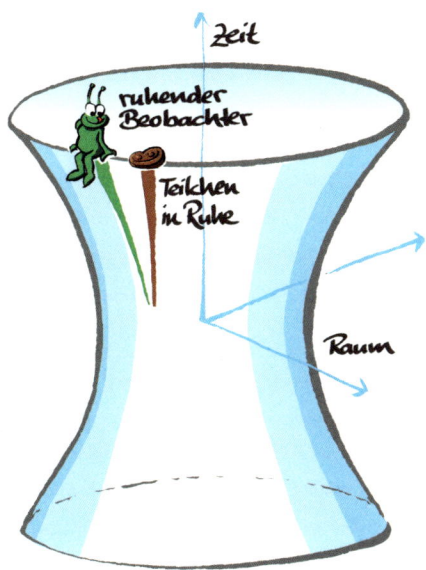

Das von Willem de Sitter beschriebene materiefreie Weltmodell hat die geometrische Gestalt eines Hyperboloids. Es beweist, dass es keinen notwendigen Zusammenhang zwischen Raumzeit und Materie sowie Energie gibt. Das widerlegt Einsteins Auffassung von der Unmöglichkeit einer „leeren" Raumzeit. De Sitters Welt ist dynamisch, das heißt zieht sich zusammen und dehnt sich wieder aus: Zwei Testteilchen hätten darin auf Dauer keinen konstanten Abstand.

Modelle des Universums

Die Kontroverse, die auch in wissenschaftlichen Publikationen geführt wurde – übrigens immer sehr freundschaftlich – dauerte bis zum Sommer 1918. Dabei beteiligten sich auch andere Forscher, besonders die Mathematiker Hermann Weyl und Felix Klein. Letzterer bewies schließlich, dass Einsteins Kritik nicht zutraf: Die vermeintlichen Unendlichkeiten und „Problemzonen" waren lediglich Artefakte bestimmter Koordinatensysteme und lösten sich auf, wenn eine andere geometrische Beschreibung gewählt wurde. Schließlich akzeptierte Einstein zähneknirschend, dass es eine materiefreie Lösung seiner Feldgleichungen mit Kosmologischer Konstante gibt – auch wenn er sie weiterhin nicht für realistisch hielt.

Willem de Sitters Modell ist jedoch keine kosmologische Kuriosität, wie Einstein immer dachte, sondern bis heute relevant. Einige Tausend wissenschaftliche Artikel sind dazu publiziert worden. Das hat auch damit zu tun, dass das Modell einerseits die einfachste kosmologische Lösung der Allgemeinen Relativitätstheorie mit konstanter Krümmung ist. Und andererseits beschreibt es überraschenderweise in guter Näherung sowohl die ferne Zukunft unseres Universums als auch seine hochdynamische Anfangsphase.

Verpasste Gelegenheiten

Einsteins statisches Weltmodell war kein langes Dasein beschieden. Dass es keine zutreffende Beschreibung des Universums sein könne, ganz unabhängig von den astronomischen Beobachtungen, argwöhnten Kollegen von Anfang an. Denn es stellte sich die Frage, ob seine Lösung trotz der scheinbar zur Stabilisierung eingeführten Kosmologischen Konstanten garantierte, dass die Welt im Gleichgewicht blieb. Tatsächlich ist das unmöglich – wie schon in Newtons Weltmodell. Das wies 1930 der britische Astrophysiker Arthur

Stanley Eddington nach. Er hatte berechnet, dass Einsteins in sich gekrümmtes Universum hochempfindlich für kleinste Störungen war – ein Husten oder Windhauch würde es aus dem Gleichgewicht bringen und zusammenstürzen oder aber auseinanderfliegen lassen. Und de Sitters Weltmodell erwies sich entgegen dem ersten Anschein ebenfalls als nicht stabil.

Heute weiß jeder Kosmologe: Das Universum ist nicht statisch und kann es auch nicht sein. Auf diese Konsequenz der Allgemeinen Relativitätstheorie hätten Einstein und Weyl schon damals kommen können. Doch die weltanschaulichen Vorurteile ihrer Zeit waren zu mächtig. So blieb diese triumphale Voraussage der Dynamik des Weltalls anderen Kosmologen vorbehalten: Alexander Friedmann (ab 1922), Georges Lemaître (ab 1925) und Howard P. Robertson (ab 1928). Lange bevor es dafür astrophysikalische Indizien gab, zeigten deren Forschungen, dass unser Universum – seine Materie, seine Energie und auch seine Raumzeit – aus einem extrem dichten Zustand hervorgegangen sein muss und sich seither ausdehnt. Dieser Anfangszustand wurde später Urknall genannt.

Auch Willem de Sitter hatte es versäumt, die Expansion des Weltraums zu postulieren. Und das, obwohl er sein Modell nicht nur in statischen, sondern später auch in dynamischen Koordinaten formulierte. Und obwohl er bereits 1917 die ersten Messungen von Galaxien-Spektren diskutiert hatte. Allerdings war die Datenbasis damals noch unzureichend. Der Astronom Edwin Hubble vom Mount Wilson Observatory wies erst um 1924 definitiv nach, dass die Nebelflecken am Himmel – etwa der berühmte im Sternbild Andromeda – nicht zur Milchstraße gehören, sondern eigenständige Sternsysteme sind. Und 1929 erkannte er dann, dass sich die Galaxien voneinander entfernen, wie es in einem expandierenden Universum zu erwarten ist – und erklärte das zuerst tatsächlich mit dem Verweis auf de Sitters Weltmodell.

Willem de Sitter wandte sich aufgrund von beruflichen Pflichten – er baute die Sternwarte Leiden aus und war lange Präsident der Internationalen Astronomischen Union – erst wieder in den 1930er-Jahren der Kosmologie zu. Eddington nannte ihn deshalb den Mann, der ein Universum entdeckt hatte und es vergaß. Nach Hubbles Messungen akzeptierte er wie Einstein das nichtstatische, expandierende Universum rasch, spätestens 1931.

Die Geschichte endet sogar mit gleich zwei wissenschaftshistorischen Pointen. Zum einen entdeckte der Kosmologe (und Priester) Georges Lemaître 1933 eine Art temporalen Kompromiss zwischen Einsteins und de Sitters einst so unversöhnlichen Modellen: das Universum könnte aus einer statischen Phase in eine expandierende übergegangen sein, beides unter dem Regime der Kosmologischen Konstanten λ. Zum anderen formulierten Einstein und de Sitter 1932 gemeinsam das einfachste expandierende Weltmodell einschließlich erster astronomischer Abschätzungen – ohne globale

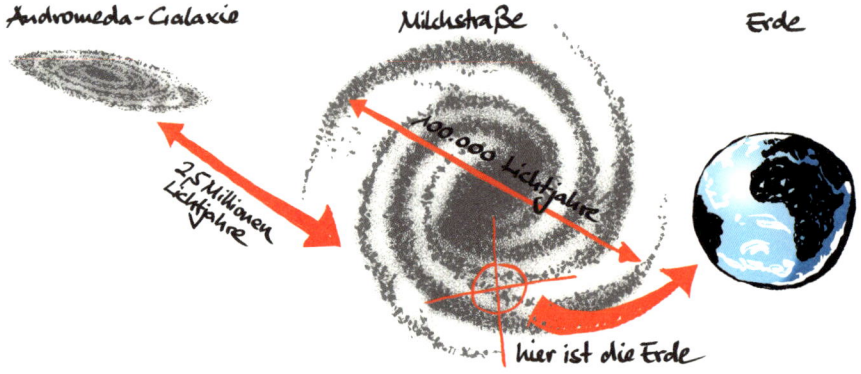

Der Weltraum besteht aus Milliarden von weiträumig verteilten Galaxien und gigantischen Leerräumen dazwischen. Die Erde ist ein Staubkörnchen im Außenbezirk einer gewöhnlichen Spiralgalaxie, der Milchstraße.

Der Weltraum dehnt sich aus und die Galaxien entfernen sich voneinander – ähnlich wie Punkte auf der Oberfläche eines Luftballons, der aufgeblasen wird. Einstein und de Sitter haben 1932 das einfachste Modell dieser dynamischen Kosmologie formuliert.

Krümmung und λ. Dieses Modell war in der Kosmologie bis 1998 sehr beliebt. Dann stellten Astronomen bei der Vermessung ferner Sternexplosionen fest, dass sich der Weltraum seit Jahrmillionen beschleunigt ausdehnt – wofür ein kleiner positiver Wert der Kosmologischen Konstante nun die beste und einfachste Erklärung ist.

Einsteins Eseleien

 „Wenn schon keine quasi-statische Welt, dann fort mit dem kosmologischen Glied."

So kommentierte Einstein das Versagen seines ersten Weltmodells bereits am 23. Mai 1923 frustriert auf einer Postkarte an Hermann Weyl. Denn mit dem Scheitern schien auch die Kosmologische Konstante nicht mehr zwingend notwendig. Und nach Edwin Hubbles Entdeckung der Flucht fast aller Galaxien ringsum, die auf einen expandierenden Weltraum hinwies, glaubte Einstein endgültig, ohne λ auszukommen. 1931 schrieb er in den *Sitzungsberichten* der Preußischen Akademie der Wissenschaften:

„Es lässt sich zeigen, dass die statische Lösung nicht stabil ist, schon abgesehen von Hubbles Beobachtungsresultaten. Unter diesen Umständen muss man sich die Frage vorlegen, ob man den Tatsachen ohne die Einführung des ohnedies unbefriedigenden λ-Gliedes gerecht werden kann".

Ebenfalls 1931 soll er laut dem Physiker George Gamow sogar gesagt haben, dass die Einführung von λ in seine Gleichungen „vielleicht die größte Eselei" in seinem Leben gewesen sei.

Einstein, so lässt sich im Rückblick sagen, hatte also gleich zwei Eseleien begangen. Zum einen hatte er vorschnell die Kosmologische Konstante verworfen, die als Naturkonstante tatsächlich ein fester Bestandteil seiner Gleichungen ist, wie später bewiesen wurde. Zum anderen hätte er bei ihrer Einführung eine grandiose Voraussage machen können: die erst zwölf Jahre später indirekt gemessene Ausdehnung des Weltraums.

Tatsächlich expandiert, wie Astronomen ab 1998 erkannten, das All seit etwa sechs Milliarden Jahren immer schneller. Die Ursache dieser beschleunigten Ausdehnung ist bis heute unklar (und wird von manchen Physikern sogar als ein Indiz für eine notwendige Abwandlung der Allgemeinen Relativitätstheorie auf großen Längenskalen gedeutet). Die einfachste Erklärung – vereinbar mit allen bisherigen astronomischen Beobachtungsdaten – ist jedoch ein kleiner positiver Wert von Einsteins Kosmologischer Konstante!

Einstein-Quiz

1. Welche neue Idee hatte Einstein für die Kosmologie?
- [ ] a. Ein unendliches unbegrenztes Universum
- [ ] b. Ein endliches unbegrenztes Universum
- [ ] c. Ein endliches begrenztes Universum

2. Wozu benötigte Einstein die Kosmologische Konstante?
- [ ] a. Um die beschleunigte Expansion des Weltraums zu erklären
- [ ] b. Um das Universum statisch zu halten
- [ ] c. Um den Aufbau der Milchstraße zu beschreiben

3. Welche kosmologische Lösung entdeckte de Sitter?
- [ ] a. Ein materiefreies statisches Universum
- [ ] b. Ein kontrahierendes Universum mit Materie
- [ ] c. Ein expandierendes materiefreies Universum

4. Welche Entdeckung machte Hubble nicht?
- [ ] a. Die Milchstraße besteht aus Sternen
- [ ] b. Der Andromeda-Nebel ist eine Galaxie
- [ ] c. Die meisten Galaxien entfernen sich voneinander

5. Was beschrieb Einstein zusammen mit de Sitter?
- [ ] a. Ein flaches expandierendes Universum
- [ ] b. Ein gekrümmtes statisches Universum
- [ ] c. Ein Universum mit Kosmologischer Konstante

Lösungen: 1b, 2b, 3c, 4a, 5a

Modelle des Universums

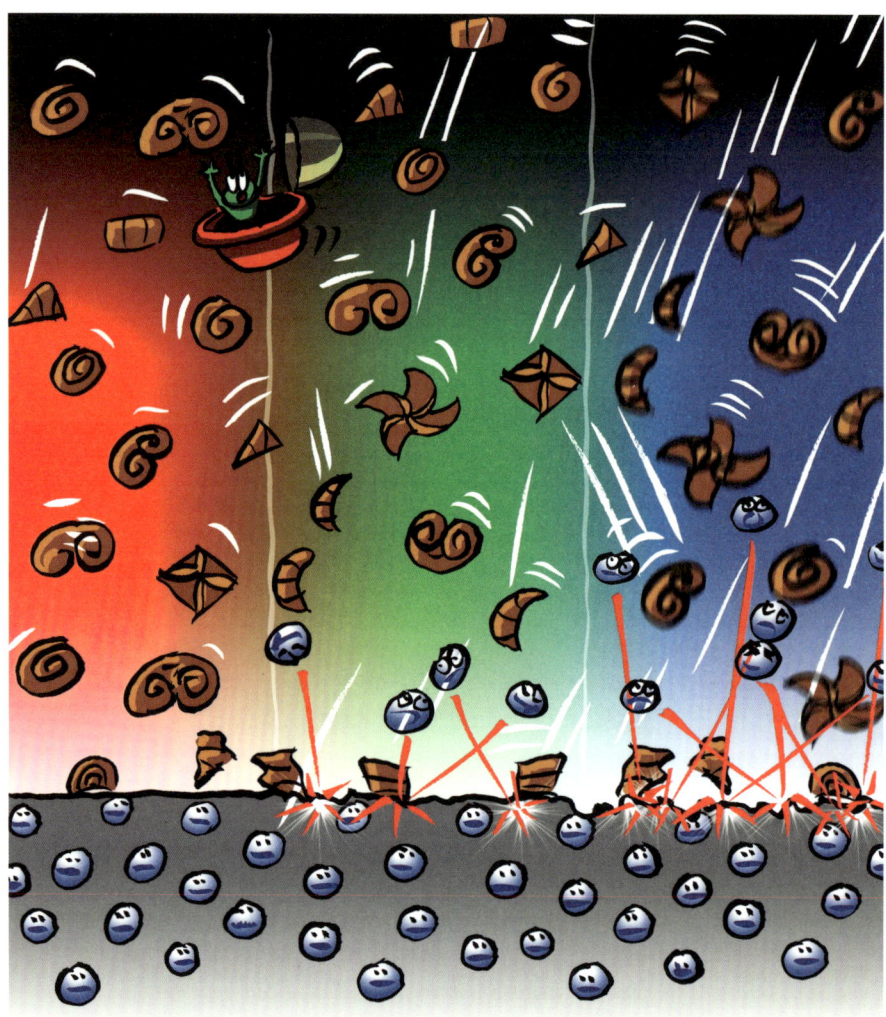

Trifft energiereiche Strahlung auf eine Metallplatte, lädt sich deren Oberfläche negativ auf. Einstein entdeckte, warum das so ist: Einzelne „Teilchen" des Lichts (die Photonen) schlagen Elektronen aus dem Metall heraus. Diese Erkenntnis revolutionierte die Physik und wurde mit dem Nobelpreis belohnt.

KURIOSE QUANTENWELT

„Der Gedanke, dass ein einem Strahl ausgesetztes Elektron aus *freiem Entschluss* den Augenblick und die Richtung wählt, in der es fortspringen will, ist mir unerträglich. Wenn schon, dann möchte ich lieber Schuster oder gar Angestellter in einer Spielbank sein als Physiker."

Einstein hat nicht nur mit der Relativitätstheorie das Verständnis von Raum und Zeit revolutioniert und somit des Großen und Ganzen. Ihm glückten auch grundlegende Einsichten in die Mikrowelt. Er wies nach, dass Materie aus kleinen Teilchen besteht, den Atomen. Und er entdeckte, dass auch Licht in Form von Quanten – winzigen Energieportionen – existiert, also kein Kontinuum ist. Damit wurde er zum Mitbegründer der Quantentheorie. Deren bizarre Konsequenzen hielt er jedoch nicht für das letzte Wort der Wissenschaft. Besonders der scheinbar unhintergehbare Zufall und die „spukhaften Fernwirkungen", wie Einstein sie nannte, waren für ihn ein Indiz, dass es eine tiefere Realität und somit grundlegendere Theorie geben muss. Danach suchen Physiker bis heute. Und Einsteins Erbe hat noch niemand angetreten: die Beschreibung aller Phänomene mit einer Einheitlichen Feldtheorie oder Weltformel.

Die Existenz der Atome

1905 hat Einstein als unbekannter Patentbeamter in Bern nicht nur mit der Speziellen Relativitätstheorie das Gebäude der Physik renoviert, sondern mit scharfem Blick auch in seinen Grundfesten inspiziert – und, wie sich bald zeigte, mit irritierenden Folgen erschüttert. In seiner Publikation *Eine neue Bestimmung der Moleküldimensionen* – die später in Zürich als Doktorarbeit anerkannt wurde – leitete er aus etwas ganz Alltäglichem weitreichende Konsequenzen ab ... nämlich aus den Eigenschaften von Wasser, in dem Zucker aufgelöst wurde. Er zeigte, dass sich aus der gemessenen Zähigkeit – der Viskosität oder inneren Reibung – der Lösung etwas über die Größe und Zahl von Molekülen erschließen lässt. (Weil diese Veröffentlichung zahlreiche Anwendungen in der Petrochemie hat, war sie übrigens in der Fachliteratur bis in die 1980er-Jahre Einsteins am häufigsten zitierte Publikation.)

In einem zweiten Artikel bezog sich Einstein auf die Zitterbewegung von Schwebeteilchen in einer Flüssigkeit, die erstmals 1827 von dem Botaniker Robert Brown im Mikroskop beobachtet worden war. Einstein entdeckte, wie sich das Phänomen erklären lässt: durch Stöße sich rasch bewegender Moleküle, aus denen die Flüssigkeit besteht. Das war schon früher vermutet worden; aber Einstein konnte nachweisen, dass die Temperatur ein Maß für die zufälligen Bewegungen der Atome oder Moleküle ist. Er stellte damit einen Zusammenhang her zwischen den Eigenschaften der unsichtbaren Moleküle und denen der Schwebeteilchen, deren Bewegungen man im Mikroskop messen kann, abhängig von der Temperatur und Zähigkeit des Lösungsmittels. (Einsteins Voraussagen hierzu hat Jean-Baptiste Perrin 1908 in Paris bestätigt.) Mit dieser Arbeit wurde Einstein – neben dem Physiker Marian Smoluchowski – zum Mitbegründer der Statistischen Mechanik.

Die zittrige Bewegung von Schwebeteilchen in einer Flüssigkeit lässt auf die Existenz von Atomen und Molekülen schließen.

Das Besondere dabei: In jener Zeit war die Existenz der Atome und der aus ihnen zusammengesetzten Moleküle noch heftig umstritten; führende Physiker wie Wilhelm Ostwald und Ernst Mach lehnten sie entschieden ab. Einsteins Arbeit erlaubte nun die experimentelle Unterscheidung zwischen der Vorstellung der Materie als Kontinuum und der Atom-Hypothese. Seither ist es gesichert, dass es Atome und Moleküle gibt. Damit wurden die 2500 Jahre alten Spekulationen der antiken Philosophen Leukipp und Demokrit sowie spätere Argumente von John Dalton und Ludwig Boltzmann im Grundsatz grandios bestätigt.

Auftritt der Quanten

Nicht nur die Materie ist „portioniert", sondern auch Strahlung und Energie. Diese noch wesentlich radikalere Auffassung hat Einstein ebenfalls 1905 begründet – und stand damit mehr als ein Jahrzehnt nahezu alleine da. Er erntete anfangs nur Skepsis und sogar Spott. Doch seine kühnen Gedanken machten ihn zusammen mit Max Planck und Niels Bohr zum Begründer der Quantenphysik.

In seinem Artikel mit dem sperrigen Titel *Einen die Erzeugung und Verwandlung des Lichtes betreffenden heuristischen Gesichtspunkt* schlug Einstein eine Erklärung des Photo-Effekts oder lichtelektrischen Effekts vor. Dieser war durch Messungen unter anderem von dem Physik-Nobelpreisträger Philipp Lenard – später im Nationalsozialismus ein vehementer Gegner Einsteins – gut bekannt: Trifft Strahlung mit ausreichend hoher Frequenz auf ein Metall, wird dessen Oberfläche negativ geladen. Dabei ist nicht die Intensität der Strahlung entscheidend, sondern allein die Frequenz.

Einstein erklärte den Effekt damit, dass die Strahlung aus einzelnen „Teilchen" besteht, die jeweils einzelne Elektronen aus den Metall-Atomen herausschlagen können. Diese Strahlungs- oder Energiequanten (von lateinisch „quantum": wie viele?) wurden von dem Chemiker Gilbert Newton Lewis 1926 Photonen genannt (von griechisch „phos": Licht). Einstein zufolge sollte Licht – und mithin jede Art der elektromagnetischen Strahlung von Radiowellen über Infrarot-, Ultraviolett, Röntgen- bis hin zur Gammastrahlung – daher wie die Materie portioniert beschaffen sein. Dieses Teilchen-Modell stand im krassen Gegensatz zur Vorstellung von Licht als Welle, wofür die seit Langem bekannten Phänomene der Beugung, Brechung und Interferenz sprechen.

Einsteins Artikel von 1905 kritisierte also die etablierte Annahme, dass die Energie der elektromagnetischen Strahlung kontinuierlich im Raum verteilt ist, wie es James Clerk Maxwells Feldtheorie annimmt. Einstein argumentierte dafür, dass es empirische Hinweise gibt, wonach diese Energie aus nicht weiter teilbaren, vielen konzentrierten Quanten besteht. Das war der Bruch mit der klassischen Physik und widerlegte den einst für philosophisch fundamental erachteten Satz, dass die Natur keine Sprünge macht.

Ein Akt der Verzweiflung

Experimentelle Quantenphysik ist eigentlich ganz einfach. Zum Beispiel braucht man nur einen Elektroherd anzuschalten. Er wird warm, wärmer, schließlich heiß und beginnt sogar, rot zu glühen. Doch obwohl Menschen mit der Bändigung des Feuers schon vor über einer Million Jahre Dinge erhitzt haben, dauerte es bis zum 14. Dezember 1900, um diese Vorgänge physikalisch korrekt beschreiben zu können. Das tat Max Planck, als er in einem Vortrag in Berlin eine „glücklich erratene Interpolationsformel" vorstellte, wie er sagte. Auch wenn keinem der anwesenden Wissenschaftler – Planck eingeschlossen – die Bedeutung und Tragweite seines neuen Strahlungsgesetzes bewusst war, gilt dies als Geburtstag der Quantenphysik. Und es war die Voraussetzung von Einsteins Erklärung des Photo-Effekts.

Plancks theoretischer Durchbruch bestand darin, geschickt zwischen zwei bereits bekannten Formeln von Wilhelm Wien und von John William Strutt (Baron von Rayleigh) zu vermitteln – schon für sich genommen eine riesige Leistung. Doch der entscheidende Fortschritt lag woanders: Das Planck'sche Strahlungsgesetz enthält eine neue „Hilfskonstante", bald darauf als Planck'sches Wirkungsquantum h bezeichnet. Es ist das Zentrum der Quantentheorie. Seine Einheit ist die der Wirkung, also Energie multipliziert mit Zeit; und der Wert von h ist äußerst klein ($6{,}626 \times 10^{-34}$ Joulesekunden). An dieser Winzigkeit liegt es auch, warum sich Quanteneffekte im Alltag normalerweise nicht bemerkbar machen.

Dies alles hatte zunächst niemand begriffen. Ebenso wenig, dass das Planck'sche Strahlungsgesetz nicht mit der Klassischen Physik vereinbar ist – das wiesen erst Albert Einstein und Paul Ehrenfest einige Jahre später nach. Einstein bescherte der ominösen Konstante h auch einen weiteren Auftritt, ja verhalf ihr überhaupt erst zum großen Erfolg auf der Bühne der Physik. Einstein benötigte h nämlich für seine Erklärung des Photo-Effekts und erweiterte damit die Anwendung von h über die Strahlung hinaus auch auf deren Wechselwirkung mit Materie. Die Energie E ist, so entdeckte Einstein, das Produkt des Planck'schen Wirkungsquantums und der Frequenz f der Strahlung: $E = h \times f$. Das folgt letztlich aus Plancks Formel.

Ähnlich wie Geld eine kleinste Einheit besitzt, etwa den Cent, ist also die Energie nicht kontinuierlich vorhanden, sondern nur stückweise. Sie besteht aus Partikeln oder Korpuskeln, den Photonen, und kann nur portioniert abgestrahlt oder absorbiert werden – in einzelnen Quanten. Nur so lässt sich der Photo-Effekt verstehen. (Ein analoger „innerer Photo-Effekt" spielt übrigens bei Halbleitern eine Rolle und findet in der Fernbedienung des Fernsehers eine weit verbreitete Anwendung.)

Planck, der eigentlich über die Unterstützung seiner Hypothese sehr erfreut hätte sein müssen, war nicht begeistert: „Es scheint mir, dass gegenüber der neuen Einstein'schen Korpuskulartheorie des Lichtes die größte Vorsicht geboten ist", kommentierte er. „Die Theorie des Lichtes würde nicht um Jahrzehnte, sondern um Jahrhunderte zurückgeworfen." Auch sein eigenes Strahlungsgesetz war ihm unheimlich – rückblickend in einem Brief bezeichnete er 1931 „die ganze Tat" sogar „als einen Akt der Verzweiflung".

Einsteins Voraussagen zum Photo-Effekt wurden 1915 von Andrew Millikan in Chicago bestätigt, obwohl auch er sie zunächst für „völlig unannehmbar" gehalten hatte – und dann für seine Experimente 1923 den Nobelpreis bekam. Plancks Skepsis war also ein Irrtum. Und 1919 wurde er für sein Strahlungsgesetz sogar mit dem Physik-Nobelpreis für das Vorjahr ausgezeichnet; Einsteins Arbeit von 1905 hatte maßgeblich dazu beigetragen. Und Einstein erfuhr die Ironie der Geschichte ebenfalls: Er erhielt den Physik-Nobelpreis des Jahres 1921 nicht für seine geniale Relativitätstheorie, sondern für die Erklärung des Photo-Effekts.

Ein rätselhafter Dualismus

Einstein erkannte klar, dass seine Auffassung über Energiequanten „mit den experimentell nachgewiesenen Konsequenzen der Wellentheorie nicht verträglich ist", wie er es 1911 formulierte. Die Wellen-Eigenschaften des Lichtes – Beugung, Brechung, Interferenz – lassen sich aber nicht leugnen. Daher hatte Einstein schon 1909 einen kühnen Gedanken:

„Meine Meinung ist, dass die nächste Phase der Entwicklung der Theoretischen Physik uns eine Theorie des Lichtes bringen wird, welche sich als eine Art Verschmelzung von Undulations- und Emissionstheorie des Lichtes auffassen lässt."

Mit ersterer meinte Einstein die Wellen-Vorstellung (von lateinisch „undulatus": wellenförmig), mit zweiter seine Quanten-Vorstellung. 1927 prägte Niels Bohr für diese eigenartige Situation, die aus dem experimentellen „Entweder – Oder" eher ein „Sowohl – als auch" nahe legt, den bis heute nicht wirklich klaren Begriff der Komplementarität. Man spricht auch vom Welle-Teilchen-Dualismus. Erhärtet wurde er 1922 durch die Messungen der Streuung von Strahlung (Photonen) an Materie, speziell der Röntgenstrahlung an Elektronen, für die Arthur Compton 1927 den Nobelpreis erhielt.

Die Komplementarität gilt jedoch nicht nur für Strahlung, sondern auch für Materie! Darauf hätte eigentlich Einstein schon kommen können, aber es war Louis de Broglie, der im September 1923 diese Idee erstmals veröffentlichte und dann darüber eine Doktorarbeit schrieb. Diese wurde im November 1924 angenommen, doch vorab von seinem skeptischen Betreuer, Paul Langevin, an Einstein geschickt. Der war begeistert und verhalf de Broglies Erkenntnis

Je nach Experiment erscheint Licht als Welle oder als Teilchen. Und bei Elektronen oder Molekülen ist es ebenso. Es lässt sich daher schwer sagen, was sie „wirklich" sind: Welle, Teilchen oder etwas Drittes. Dieser ominöse Welle-Teilchen-Dualismus ist nicht nur eine Seltsamkeit der Quantenphysik, sondern wirft auch beunruhigende Fragen nach der Realität und deren Erkennbarkeit auf.

rasch zum Durchbruch. Und ihre Konsequenzen sind äußerst bizarr: Nicht nur Strahlung, sondern auch Materie besitzt eine Wellenlänge! De Broglies Argument lässt sich schon mit einfacher Schulmathematik nachvollziehen. Denn es gelten folgende Zusammenhänge für den Impuls p, die Masse m, die Energie E, die Wellenlänge l und die Frequenz f (h ist Plancks Wirkungsquantum, c die Lichtgeschwindigkeit): $E = h \times f = m \times c^2$, $l = c/f$ und $p = m \times v$ (wobei die Geschwindigkeit v eines Photons c ist). Daraus folgt direkt de Broglies Gleichung: $l = h/p$. Für massereiche Körper, etwa Katzen und Karotten, ist l sehr klein, weil p so groß ist. Aber für einzelne Teilchen sollte sich die Wellen-Natur nicht vernachlässigen lassen. Und tatsächlich zeigten Experimente bereits ab 1927, dass Elektronen (und sogar große Moleküle) wirklich Wellen-Eigenschaften haben! Man kann sie nämlich zur Interferenz bringen. De Broglie erhielt 1929 den Physik-Nobelpreis; und Einstein war fortan nicht nur einer der Väter der Quantenphysik, sondern auch der einzige Pate der Wellenmechanik. Diese wurde dann 1926 von Erwin Schrödinger mit seiner berühmten Gleichung zum Standardformalismus der Quantenphysik weiterentwickelt. Im selben Jahr schrieb Einstein begeistert in einem Brief an Hendrik Lorentz:

„Ich glaube, das ist ein erster schwacher Strahl zur Erhellung dieses schlimmsten unserer physikalischen Rätsel."

Tatsächlich machte erst Schrödingers Wellengleichung den Aufbau der Atome verständlich (siehe Grafik unten). Dass diese aus einem Atomkern und einer Elektronenhülle bestehen, hatte Ernest Rutherford 1911 entdeckt. Demnach sollten die Elektronen um den Kern wie Planeten um die Sonne kreisen. Rätselhaft war jedoch, warum sie nicht sofort in den Kern stürzten – denn elektrisch geladene Partikel geben Strahlung ab, wenn sie beschleunigt werden, und verlieren somit Energie. 1913 entdeckte Niels Bohr aus Kopenhagen, der bei Rutherford in Manchester geforscht hatte, wie sich die gemessenen Spektren der Atome und die Stabilität der Elektronenbahnen erklären lassen: Mithilfe des Planck'schen Wirkungsquantums beschrieb Bohr, dass sich die Elektronen nur

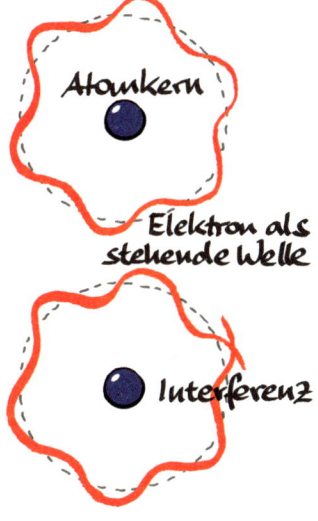

Die Wellenmechanik kann die Elektronenbahnen um den Atomkern erklären: Nur Orbits mit geschlossenen stehenden Wellen sind möglich; bei anderen Wellenlängen würden sie sich durch die Interferenz selbst auslöschen. Somit erzeugt etwas Kontinuierliches (Welle) etwas Diskretes (Bahn).

auf ganz bestimmten (quantisierten) Bahnen bewegen und zwischen ihnen je nach Energieaufnahme oder -abgabe hin und her hüpfen – das sind die berühmt-berüchtigten Quantensprünge, die im Gegensatz zur Manager-Großsprecherei das Kleinstmögliche meinen.

Einstein bewunderte Bohrs Pionierleistung als „höchste Musikalität auf dem Gebiete des Gedankens" und forschte auch selbst weiter an den Problemen. Im November 1905 vollendete er die erste Arbeit zur Quantentheorie des Festkörpers überhaupt; seine Berechnungen wurden wenige Jahre später experimentell bestätigt. 1916 schrieb Einstein über Quanteneffekte der Strahlungsemission. Das war die Grundlage der Theorie des Lasers. Dieser Name (für „light amplification by stimulated emission of radiation") wurde erst in den 1950er-Jahren geprägt, als auch die technische Realisierung gelang. Und 1924 entwickelte Einstein einen statistischen Ansatz zur Beschreibung von bestimmten Teilchen wie Photonen weiter; der war ihm aus Bangladesch von dem jungen Physiker Satyendranath Bose zugeschickt worden, dessen Arbeit Einstein förderte. Die überraschende Schlussfolgerung: „Von einer gewissen Temperatur an ‚kondensieren' die Moleküle ohne Anziehungskräfte, das heißt sie häufen sich bei Geschwindigkeit Null." So berichtete es Einstein seinem Freund Paul Ehrenfest und meinte: „Die Theorie ist hübsch, aber ob auch etwas Wahres dran ist?" Das kann man inzwischen bejahen: 1995 gelang es Physikern erstmals, solche ultrakalte Materie herzustellen, bei der die Teilchen ihre Individualität verlieren. Dieser seltsame Zustand heißt inzwischen Bose-Einstein-Kondensat, und alle Teilchen, die der Bose-Einstein-Statistik unterliegen, werden Bosonen genannt.

Einstein war also nicht nur ein Mitbegründer und Pionier der Quantenphysik, er hat sie auch mit zahlreichen Detail-Ideen bereichert, die bis heute bedeutsam sind und immer mehr praktische Anwendungen ermöglichen. Andererseits verfolgte er, obwohl in

Quanten-Hinsichten seiner Zeit zunächst enorm voraus, die weiteren Entwicklungen der Quantentheorie ab 1925 immer kritischer; er stellte sich dann zwar nicht gegen sie, aber doch außerhalb – quasi ins Abseits, wie viele ihm vorwarfen. Manche Fortschritte, besonders in Quantenfeldtheorie und -elektrodynamik, konnte er nicht mehr im Detail nachvollziehen; doch über die Grundlagen der Quantentheorie grübelte er bis ans Lebensende – häufiger und intensiver, als er es etwa über die Relativitätstheorie insgesamt je tat.

Würfelt Gott?

1925 und 1926 kam die Quantentheorie in eine neue Phase. Werner Heisenberg und seine Kollegen entwickelten die Matrizen-Mechanik, die auf der Teilchen-Vorstellung beruhte, und Erwin Schrödinger die Wellenmechanik. Die beiden konkurrierenden Ansätze erwiesen sich alsbald als mathematisch äquivalent. Und sie bestanden alle experimentellen Überprüfungen mit Bravour – bis zur Gegenwart. Außerdem entdeckte Heisenberg 1927 mit seiner berühmten Unschärferelation, dass die Natur in ihren Grundfesten nicht nur quantisiert ist, sondern auch seltsam unscharf: Plancks Wirkungsquantum gibt eine Grenze an, wie genau Größen wie Ort und Impuls oder Zeit und Energie zugleich (!) bestimmbar beziehungsweise bestimmt sind. Je exakter man den einen Wert kennt, desto unsicherer wird der andere. Das ist nicht nur eine wabernde Quelle des Zufalls, sondern steckt beispielsweise hinter dem Phänomen der Radioaktivität.

Einstein verfolgte diese Erkenntnisse mit einer „einzigartigen Spannung", wie er schrieb, und diskutierte sie mit den Kollegen häufig in Briefen, auf wissenschaftlichen Konferenzen und bei gegenseitigen Besuchen. Legendär sind die Kontroversen auf den Solvay-Konferenzen in Brüssel 1927 und 1930 mit Bohr – den Einstein trotzdem weiterhin sehr bewunderte, und mit dem er lebenslang befreundet blieb. Immer wieder kam Einstein mit Einwänden und Gedankenexperimenten, die Bohr dann kurz darauf entkräften konnte.

Zunächst störte Einstein hauptsächlich die anscheinend unhintergehbare Rolle des Zufalls in der Quantenphysik. Am 4. Dezember 1926 schrieb er in einem Brief an Max Born, der durch eine statistische Deutung der Schrödinger-Gleichung berühmt wurde:

„Die Theorie liefert viel, aber dem Geheimnis des Alten bringt sie uns kaum näher. Jedenfalls bin ich überzeugt, dass *der* nicht würfelt."

Mit dieser Bemerkung, die Einstein später ähnlich noch häufiger machte, drückte er sein Unbehagen mit dem Zufall und der rein statistischen Beschreibung in der neuen Quantentheorie aus. Dies wird oft als „Gott würfelt nicht!" wiedergegeben und sorgte für viele Missverständnisse. Einstein maß sich hier natürlich kein theologisches Dogma an. Wenn er von „Gott" sprach, war das eine Metapher für die Naturgesetze. Er beharrte auf die Existenz einer von Menschen unabhängigen und für sie doch verständlichen Welt, er glaubte aber weder an immaterielle Seelen und obskure Willensfreiheiten noch an ein Leben nach dem Tod oder einen persönlichen Gott. Die schon zu Einsteins Lebzeiten erfolgten zahlreichen Versuche, ihn religiös zu vereinnahmen, sind daher so haltlos wie frech; er hatte sich auch stets deutlich dagegen verwahrt. Für ihn war jede Religion „der Inbegriff des kindischsten Aberglaubens." 1954 bemerkte er gegenüber einem Philosophen:

„Das Wort Gottes ist für mich nicht mehr als der Ausdruck und das Produkt menschlicher Schwächen. Die Bibel ist eine Sammlung ehrbarer, aber dennoch primitiver Legenden, welche doch ganz schön kindisch sind."

Spukhafte Fernwirkungen

Spätestens 1931 hatte Einstein die Unschärferelation und die Widerspruchsfreiheit der Quantenphysik akzeptiert. In einem Brief vom September an das Nobel-Komitee in Stockholm schlug er Heisenberg und Schrödinger sogar für den Nobelpreis vor. Seine Begründung: „Diese Lehre enthält nach meiner Überzeugung ohne Zweifel ein Stück endgültiger Wahrheit." Weiterhin offen blieb für ihn aber die Frage, ob die Quantentheorie vollständig sei – ob also gleichsam eine Tieferlegung der Fundamente erforderlich ist. Eine solche notwendige Ergänzung, etwa durch „verborgene Variablen", lehnten die Vertreter der wesentlich von Bohr und Heisenberg formulierten sogenannten Kopenhagener Deutung der Quantenphysik vehement ab.

1935 holte Einstein, inzwischen im amerikanischen Princeton lebend, zu einem neuen Gegenschlag aus. In einem zusammen mit Boris Podolsky und Nathan Rosen publizierten Artikel zeigte er, dass die Quantentheorie unvollständig sein muss, wenn sie der Bedingung der Lokalität gehorcht. Dieses „Prinzip der Nahewirkung", wie er es auch nannte, ist in der Relativitätstheorie erfüllt. Aus der Quantentheorie folgt jedoch die Existenz nichtlokaler Quantenverschränkungen. Das hatte Einstein schon 1927 erkannt, aber seinen Kontrahenten nicht vermitteln können. Er sprach später von „spukhaften Fernwirkungen" und „telepathischen Mitteln" und empfand die Nichtlokaliät als grotesk: Die Messung eines Quantensystems an einem Ort sollte nicht ohne Zeitverzögerung das Messergebnis an einem anderen Ort beeinflussen können. Die lokale Trennbarkeit von Systemen (Separabilität genannt) hielt Einstein gewissermaßen für nicht verhandelbar (und mitunter fälschlicherweise sogar für ein Realitätskriterium).

Bohr war nicht erquickt und arbeitete lange an einer Entgegnung. Nicht geantwortet und auch nicht zugehört habe Bohr, kommentierte der Quantenphysiker John Bell später und meinte: „Einsteins

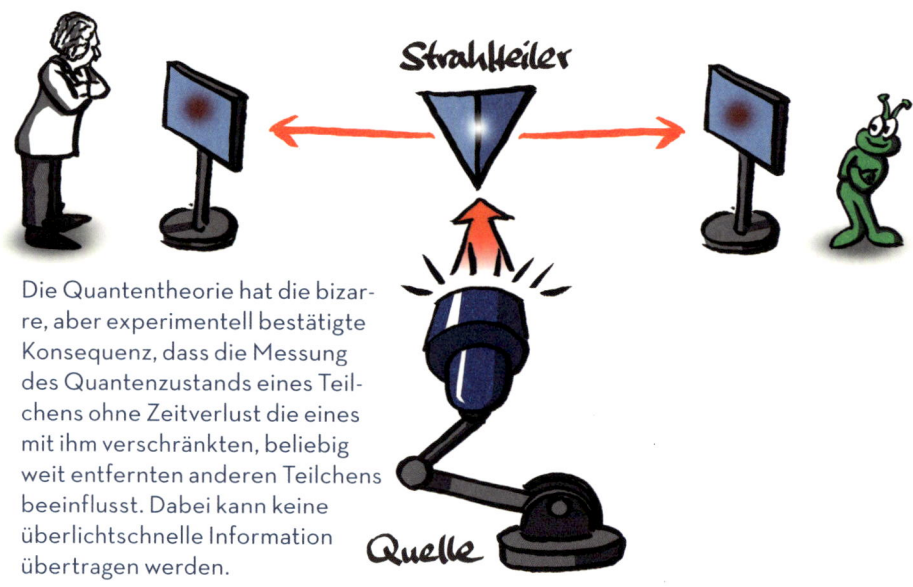

Die Quantentheorie hat die bizarre, aber experimentell bestätigte Konsequenz, dass die Messung des Quantenzustands eines Teilchens ohne Zeitverlust die eines mit ihm verschränkten, beliebig weit entfernten anderen Teilchens beeinflusst. Dabei kann keine überlichtschnelle Information übertragen werden.

intellektuelle Überlegenheit über Bohr in dieser Angelegenheit war enorm: eine tiefe Kluft zwischen dem Mann, der klar sah, was nötig war, und dem Obskurantisten."

Allerdings konnte die Einstein-Bohr-Debatte damals gar nicht entschieden werden, weil erst 1964 Bell mit einer Ungleichung mathematisch bewiesen hat, dass die Existenz verborgener Variabler mit der Lokalität der Quantentheorie unvereinbar ist. Bells Formel machte auch eine experimentelle Überprüfung möglich. Diese hat inzwischen klar gezeigt, dass Einsteins Argumentation 1935 und später vollkommen korrekt war – aber mit einem Ergebnis, das Einstein überhaupt nicht gefallen hätte: Die Nichtlokalität gibt es wirklich! Zwar ist es nicht möglich, überlichtschnelle Botschaften mit den tatsächlich gemessenen „spukhaften Fernwirkungen" auszutauschen. Insofern widerlegen sie die Spezielle Relativitätstheorie nicht. Aber sie stehen doch in einer Diskrepanz zur lokalen Kausalität, was bis heute kontrovers debattierte Fragen aufwirft. Und zur Quantentheorie selbst gibt es inzwischen zahlreiche Interpretationen ohne die Zumutungen der Kopenhagener Deutung – einschließlich einer völlig zufallsfreien, realistischen Variante von Louis de Broglie, David Bohm und John Bell, die sogar verborgene Variable besitzt ... aber entgegen Einsteins Ansicht eben auch radikal nichtlokal ist.

Die Suche nach der Weltformel

Einstein blieb starrköpfig, wie er es oft war. Er akzeptierte nicht, dass die Realität von Beobachtungen oder Beobachtern abhängt, wie Heisenberg, Bohr & Co. meinten – so als wäre der Mond nicht da, wenn keiner hinschaut. Und Einstein wollte nicht, dass eine Theorie nur Aussagen über das macht, was man wissen kann, statt über die Welt selbst. Zuwider war ihm auch ein reiner Pragmatismus, der bis heute unter Physikern beliebt ist, weil er philosophische Interpretationsfragen schlicht ausblendet. Für alle praktischen Zwecke genügt die Kopenhagener Deutung zwar. Aber dann muss man sich auf ein „shut up and calculate" („Klappe halten und rechnen") beschränken – eine Aussage, die den Nobelpreisträgern Paul Dirac und Richard Feynman zugeschrieben wird, und der der Quantenphysiker David Mermin ein „shut up and contemplate" („Klappe halten und nachdenken") ganz in Einsteins Sinn entgegenstellte.

„Ich bin nicht damit zufrieden, wenn man eine Maschinerie hat, die zwar zu prophezeien gestattet, der wir aber keinen klaren Sinn zu geben vermögen."
„Der große anfängliche Erfolg der Quantentheorie kann mich doch nicht zum Glauben an das fundamentale Würfelspiel bringen, wenn ich auch wohl weiß, dass die jüngeren Kollegen dies als Folge der Verkalkung auslegen."

Diese beiden Bemerkungen Einsteins gegenüber Born 1944 und Ende 1953 drücken seine Haltung bis zuletzt deutlich aus. Und 1949 betonte Einstein weiterhin sowie auch aus heutiger Sicht völlig zurecht: „Im Rahmen der statistischen Quantentheorie gibt es keine vollständige Beschreibung des Einzelsystems" – diese existiert nur für das ganze System. Insofern ist die Quantentheorie nicht vollständig, sondern nur effektiv gültig. Daher müsse sie, so Einsteins Hoffnung, letztlich von einer fundamentaleren Theorie aus erklärbar beziehungsweise sogar logisch ableitbar sein.

An einer solchen Einheitlichen Feldtheorie forschte Einstein schon seit den 1920er-Jahren – und tat es bis an sein Lebensende. Vergeblich. Die Suche nach einer „Weltformel" hält noch immer an. Alle Vorschläge sind bislang spekulativ und ungenügend. Einsteins Vermächtnis ist weiterhin offen. 1947 klagte er in einem Brief an Born, die „rechnerischen Schwierigkeiten" seien „so groß, dass ich ins Gras beißen werde, bevor ich selbst eine sichere Überzeugung hierüber erlangt habe." Aber er hielt daran fest, „dass man schließlich bei einer Theorie landen wird, deren gesetzmäßig verbundene Dinge nicht Wahrscheinlichkeiten, sondern gedachte Tatbestände sind."

Einstein war bis zu seinem Ende geistig präsent, gesellschaftlich engagiert und seinen Forschungen zugewandt. Er ließ sich sogar Notizen und Berechnungen ans Bett bringen, kurz bevor er starb. Seine Stieftochter Margot lag im selben Krankenhaus in Princeton und konnte ihn noch zweimal sehen. „Zuerst hatte ich ihn nicht erkannt – so verändert war er durch die Schmerzen und die Blutleere im Gesicht. Aber sein Wesen war das gleiche", berichtete sie in einem Brief, „er sprach mit tiefer Ruhe – sogar mit einem leichten Humor – über die Ärzte und wartete auf sein Ende wie auf ein bevorstehendes Naturereignis. So furchtlos, wie er im Leben war – so still und bescheiden war er dem Tod gegenüber. Ohne Sentimentalität und ohne Bedauern ist er von dieser Welt gegangen."

Einstein-Quiz

1. Woraus erschloss Einstein die Existenz von Atomen?
- [ ] a. Photo-Effekt
- [ ] b. Brown'sche Molekularbewegung
- [ ] c. Bose-Einstein-Kondensation

2. Wie erklärte Einstein den Photo-Effekt?
- [ ] a. Mithilfe von Lichtquanten
- [ ] b. Durch die Brown'sche Molekularbewegung
- [ ] c. Durch die Äquivalenz von Masse und Energie

3. Wofür bekam Einstein 1921 den Chemie-Nobelpreis?
- [ ] a. Für die Relativitätstheorie
- [ ] b. Für die Erklärung des Photo-Effekts
- [ ] c. Er hat diesen Nobelpreis nicht erhalten

4. Wer hat den Welle-Teilchen-Dualismus mitbegründet?
- [ ] a. Planck, Einstein, Bose
- [ ] b. Einstein, de Broglie, Bohr
- [ ] c. Schrödinger, Einstein, Born

5. Was wollte Einstein unbedingt bewahren?
- [ ] a. Den scharfen Determinismus
- [ ] b. Die kausale Lokalität der Welt
- [ ] c. Die Sonderrolle des Beobachters

Lösungen: 1b, 2a, 3c, 4b, 5b

Kuriose Quantenwelt

Mehr über Einsteins Universum

Einsteins Schriften und Briefwechsel
(wissenschaftlich ediert und kommentiert)
› Collected Papers. Hrsg. von Diana Kormos Buchwald u.a. Princeton University Press: Princeton ab 1987; einsteinpapers.press.princeton.edu

Populärwissenschaftliche Bücher von Albert Einstein
› Über die spezielle und allgemeine Relativitätstheorie (gemeinverständlich). Vieweg: Braunschweig 1972, 22. Aufl. [1917/1956]
› Mein Weltbild. Ullstein: Frankfurt am Main, Berlin 2010 [1934] (Aufsatzsammlung)
› Die Evolution der Physik. Rowohlt: Reinbek bei Hamburg 1995 [1938] (verfasst mit Leopold Infeld)
› Autobiographical Notes. Open Court: La Salle 1992 [1949/1979] (englisch/deutsch)
› Aus meinen späten Jahren. Deutsche Verlags-Anstalt: Stuttgart 1984, 2. Aufl. [1979] (Aufsatzsammlung)
› Briefe. Diogenes: Zürich 1981 [1979]
› Briefwechsel 1916-1955. Langen Müller: München 2005 [1969] (mit Max Born und von diesem herausgegeben)
› Einstein sagt: Zitate, Einfälle, Gedanken. Hrsg. von Alice Calaprice. Piper: München, Berlin 2015 [1996]

Fachbücher
› Grundzüge der Relativitätstheorie. Vieweg: Braunschweig 1990, 6. Aufl. [1956]
› Albert Einstein als Philosoph und Naturforscher. Hrsg. von Paul Arthur Schilpp. Vieweg: Braunschweig, Wiesbaden 1979 (Aufsatzsammlung mit Einsteins Antworten und seiner Bibliographie)

Internet
- Leben und Werk: press.princeton.edu/einstein
- Albert-Einstein-Archiv: www.alberteinstein.info
- Einsteins Haus in Caputh: www.einsteinsommerhaus.de
- Einstein-Museum in Bern: www.bhm.ch/de/ausstellungen/einstein-museum
- Einführung in die Relativitätstheorie: www.einstein-online.info
- Einsteins Image und Impact: www.aip.org/history/einstein
- Aufklärung über Einstein-Gegner: www.relativ-kritisch.net
- Visualisierungen relativistischer Effekte: www.tempolimit-lichtgeschwindigkeit.de; www.vis.uni-stuttgart.de/institut/mitarbeiter/thomas-mueller.html

Bücher über Einsteins Leben, Werk und Themen von Rüdiger Vaas
- Jenseits von Einsteins Universum. Kosmos: Stuttgart 2017, 4. Aufl. (über Relativitätstheorie, Kosmologie und Weltformel mit zahlreichen Literaturhinweisen über Einstein)
- Signale der Schwerkraft. Kosmos: Stuttgart 2017 (über Gravitationswellen und Schwarze Löcher)
- Tunnel durch Raum und Zeit. Kosmos: Stuttgart 2015, 7. Aufl. (über Schwarze Löcher, Zeitreisen, Überlichtgeschwindigkeit und Kosmologie)
- Vom Gottesteilchen zur Weltformel. Kosmos: Stuttgart 2014, 2. Aufl. (über Teilchenphysik, Kosmologie und Weltformel)
- Hawkings Kosmos einfach erklärt. Kosmos: Stuttgart 2011, 2. Aufl. (über Relativitätstheorie und Kosmologie)

In derselben Art und Aufmachung wie dieses Buch gibt es von Rüdiger Vaas und Gunther Schulz auch eine Einführung in das Leben und Werk von Stephen Hawking:
- Einfach Hawking. Kosmos: Stuttgart 2017, 3. Aufl.

Bildnachweis

Alle 54 Farbzeichnungen stammen von Gunther Schulz, teils nach Ideen von Rüdiger Vaas sowie der Vorlage folgender Publikationen: S. 12, 13, 31, 38, 41, 45, 55, 59, 67, 75, 81, 91, 92 nach R. Vaas: Jenseits von Einsteins Universum; S. 31 nach R. Vaas: Hawkings Kosmos einfach erklärt; S. 46, 84, 104, 105 wie R. Vaas: Einfach Hawking!; S. 62 nach R. Vaas: Tunnel durch Raum und Zeit; S. 95, 99 nach R. Vaas: bild der wissenschaft 3/2017; S. 101 nach R. Vaas: bild der wissenschaft 4/2017. Inspirationen: S. 10: Tim & Struppi; S. 24: Ute Kraus, Hanns Ruder, Daniel Weiskopf, Corvin Zahn: Physik Journal 7-8/2002; S. 31: Domenico Giulini: Spezielle Relativitätstheorie; S. 45, 91, 92: Michael Janssen; S. 67 NASA; S. 75: Felix Geiger; S. 81: Michael Kramer; S. 116: Horst Ziegelmann: Was ist wirklich?; alle: der durch Einstein unendlich bereicherte Kosmos.

Impressum

Umschlaggestaltung von Büro Jorge Schmidt unter Verwendung von vier Illustrationen von Gunther Schulz, Fußgönheim.

Mit 54 Farbzeichnungen.

Unser gesamtes Programm finden Sie unter **kosmos.de**.
Über Neuigkeiten informieren Sie regelmäßig unsere
Newsletter, einfach anmelden unter **kosmos.de/newsletter**.

Gedruckt auf chlorfrei gebleichtem Papier

© 2018, Franckh-Kosmos Verlags-GmbH & Co. KG, Stuttgart
Alle Rechte vorbehalten
ISBN 978-3-440-15836-4
Redaktion: Sven Melchert
Gestaltung und Satz: Martina Heitzmann-Schulz, Fußgönheim
Produktion: Ralf Paucke
Druck und Bindung: Westermann Druck Zwickau GmbH, Zwickau
Printed in Germany / Imprimé en Allemagne